淡定让你的人生不寂寞

释颢/编著

图书在版编目（CIP）数据

淡定让你的人生不寂寞/释颢编著. —北京：中国华侨出版社，2011.10

ISBN 978－7－5113－1762－9

Ⅰ.①淡… Ⅱ.①释… Ⅲ.①人生哲学－通俗读物 Ⅳ.①B821－49

中国版本图书馆 CIP 数据核字（2011）第 193429 号

●淡定让你的人生不寂寞

编　　著/释　颢
责任编辑/梁　谋
经　　销/新华书店
开　　本/710×1000 毫米　1/16　印张 15　字数 200 千字
印　　数/5001-10000
印　　刷/北京一鑫印务有限责任公司
版　　次/2013 年 5 月第 2 版　2018 年 3 月第 2 次印刷
书　　号/ISBN 978－7－5113－1762－9
定　　价/29.80 元

中国华侨出版社　北京市朝阳区静安里 26 号通成达大厦 3 层　邮编 100028
法律顾问：陈鹰律师事务所
编辑部：（010）64443056　64443979
发行部：（010）64443051　传真：64439708
网　址：www.oveaschin.com
e-mail：oveaschin@sina.com

序言

许多人都希望自己能够生活得幸福一些，但是幸福的底线究竟在哪里？很多时候，我们都在追求一种人生态度，究竟怎么样的人生态度才可以让我们的生活变得轻松一些，能够让我们在职场中避免失意？淡定让你的人生不寂寞，掩卷生活，云淡风轻中也能享受到生活的滋味。

如果将人的一生看作是寻宝之旅，那么生活就是那张隐藏起来的线路图。人们从刚出生就处于一种模模糊糊的混沌之中，他们不知道自己的将来会怎么样，也不知道即将面对什么样的人生，他们一辈子只能在摸索中行进。这和寻宝并没有什么两样，或许前方就是盼望已久的宝藏，或许前方是可以致人死地的陷阱，总之没有人能够很明确地知晓前方是什么。这时候，人们只有用一种淡定的人生态度，用心去发现生活，将一些不该背负的重量卸下来，才可以为自己绘制出一张比较详尽的人生蓝图，发掘自己生命的意义，完成自己人生的使命。

生活得幸福固然很重要，但是人生来就拥有一种冒险精神，他们喜欢在众人面前展示自己的才华，希望和他人分享成功的喜悦，喜欢鲜花和掌声，更喜欢他人的崇拜。而职场为人们实现自我价值提供了一个很好的舞台，在这个舞台上，人们可以尽情地施展自己的才能，不管是喜欢韬光养晦的聪明人，还是初生牛犊不怕虎的年轻人，他们都可以在这个舞台上展现自己的人生。自然，那些真正的成功者，他们更是懂得以淡定的姿态立足职场。与其他人相比，他们的成功则更耀眼一些。因为他们深谙职场的生存之道，他们始终将自己的命运紧紧攥在手中，懂得利用一切可利用的东西来提升自己。

经历了生活的跌宕起伏，也明了了职场的变幻莫测，很多人的名利之心逐渐变淡，他们获得了一份他人没有的豁达，那就是走出现实生活，去追求一种精神层次的修养。就好像佛家所说的一种境界：看山还是山，看水还是水。经历了迷茫和奋斗，当回头再看人生的时候，却变得清明而透彻，走出了人生的所有迷局，才会发现，只有淡定才可以让人生没有寂寞。就好像道家祖师老子在《道德经》中所提倡的，无为才是人生最大的有为。只要拥有一颗淡定的心，就不会再执著于一时的得失，也不会迷失在碌碌无为之中。一个淡定的人，更懂得什么是生活，什么是人生。

本书向读者展示了一种面对生活，在职场中行走的人生态度——淡定。宠辱不惊，不会因为个人的得失而方寸大乱，也不会因为遭遇不幸而一蹶不振。一个拥有淡定的人生态度的人，该是自己的责任，决不会将其推在别人的肩上。他知晓高处不胜寒的道理，也明白人性存在着各种各样的弱点，但是他不会放大自己的缺点，也不会得意忘形，他永远知进退，懂得顺应形势的发展。而这样的人，就是人们向往的成功者。

做一个豁达的人，拥有一颗淡定的心。即使我们今天被生活所累，只感觉到煎熬和痛苦的折磨，即使我们为了生存站在自己不喜欢的岗位上，一直做着乏味的工作，但是我们没有必要对自己的人生失望。只要我们肯用心去面对生活，就会发现，只要自己淡定一些，生活就会变得不一样，而工作也不会那么难以接受了。追求淡定的人生，追求淡定中的成功，这才是我们展现自我，实现人生价值的最好途径。

目录

篇一 >>>

掩卷生活，云淡风轻中别有风味

篇二 >>>

轻松职场，淡定中自有成功的足迹

篇三 >>>

修身养性，淡定让人生没有寂寞

篇一

掩卷生活，云淡风轻中别有风味

第一章 为自己绘制人生的蓝图

——生活需要发现

很多时候生活需要我们用另外一种方式去面对，掩卷生活，云淡风轻中自有它的一番风味。生活需要我们拥有一双善于发现的眼睛，只有我们用心才能为自己绘制出一幅人生的蓝图。生活就像是一门艺术，需要我们有规划地去面对人生中的一切。在耐心与宽容中享受轻松的人生，在乐观和知足中探得人生的乐趣。或许生活可以很简单，淡定可以让我们的生活躲开压力的摧残。

1. 耐心可以为你带来好运

有一条谚语，曾经将耐心形容成一株很苦的植物，却说它的果实十分甜美。其实生活的乐趣需要我们用心去发现，耐心可以为我们带来意想不到的好运。

任何人都希望自己的人生充满乐趣，也幻想着生活能带来种种惊喜。但是，现实毕竟不可能随着一个人的心思而改变。很多时候，欢乐和成果总是在你意想不到的时候到来，或许是你已经在等待中即将绝望的时候，或许是你深陷困境无法自拔的时候。不可否认，任何人一旦遇到它的到来，都会喜不自禁。但是，如果你想要收获这些意想不到，需要足够的耐心，只有耐心才可以让你的生活出现转机，才能让你得到好运的眷顾。

有些人不愿意等待太久，因为等待是一件痛苦的事情，不但考验着一个人的耐心，而且人们在等待中也会逐渐失去信心。很多时候，都听到有人会说："我不愿意等下去了，我没有那么多的耐心。"而这句话的背后往往隐藏着人们梦寐以求的东西：只要再多等几天，你就可以得到一份很不错的工作；只要多点耐心，你就可以看到自己一直思念的那个人；只要多停驻一会儿，你就能顺利地解决这件麻烦事……太多的"只要"，只因缺了那么一点点耐心，所以隐藏在背后的转机和你擦肩而过了。

虽然时间对于我们来说是很重要的，没有人愿意将自己的时间花在漫长的等待中，但是，有时候你只要多一点等待，多一点耐心，你的人生就会遇到很多不可思议的奇迹。而只有在足够的耐心中，才能够体会到生活给予的各种滋味。一味地追求结果，只会让生活变得枯燥而无味。

很早以前，有个年轻的农夫，他要和自己的情人约会。但是小伙子是个急性子，很早就来到了约会的地点。他无心观赏明媚的阳光、迷人的春色和鲜艳的花朵，只是一头躺倒在一棵大树下长吁短叹。因为他发现自己根本就没有耐心等待姗姗来迟的情人。

就在农夫不断叹气的时候，一个白胡子神仙出现在了他的面前，对他说："年轻人，只要你能够多一点耐心，你就可以收获一个十分精彩的人生。"年轻的农夫想了想："也对，自己本来就是一个缺乏耐心的人，借此机会倒是可以锻炼一下。"于是他尽量将自己的注意力投放在周围美丽的景色之中，不知不觉中，她美丽的情人就出现了。农夫在看到情人的一瞬间，就觉得自己的等待是值得的。后来他们结婚了，农夫总是在自己不愿等待的时候，就告诫自己多一点耐心。结果他的一生也就在他的耐心中发生转机，好运更是连连眷顾于他。在他临死的时候，留给儿女的最后一句话就是：多一点耐心，就会有奇迹降临。

很多时候，我们都只愿意抬头往前看，不断加快生活的节奏，拼命地追赶着别人的步伐，生怕自己落在后面，遭受众人的讥嘲。不甘人后，有上进心确实值得赞扬，但是因为老是在急匆匆地赶路，所以很多时候就会忽略一些原本不该忽略的事物。都说做事容易回头难，等到你发现自己忽略了太多东西的时候，再回头却不会再有它们的踪迹。就因为缺乏耐心，所以给自己人生留下那么多的遗憾，真的有必要吗？

生活中的美景无处不在，就看你肯不肯放慢脚步多一点耐心去发现。其实，生活的节奏并没有我们想象中那么快，生活中的竞争也没有我们表面上看上去那么激烈。人生值得我们去品味，只有我们拥有足够的耐心，才可以知晓人生的味道。

有人说，命运对每个人都是公平的。但是为什么有的人，不见他们怎么奋斗，但一生却过得快乐无忧；而有的人，忙忙碌碌大半辈子，到老却是一无所有呢？为什么爬得快的人到后来却反而被爬得慢的人超越了呢？原因只有一个，就是爬得慢的人他们知道何为耐心，知道怎么利用耐心去获得好运的青睐。在必要的时候，他们懂得在一个地方多停留一会儿，懂得为自己充电，懂得利用事物帮助自己，所以一路爬来，他们是轻松而无压力的。但是那些爬得快的人，他们一心只想着超越别人，只知道火急火燎地往前赶，充电尚且没有时间，就更不会去注意那些藏在眼睛看不到的地方的东西了。太重的名利之心，反而让他们成了名副其实的“负重者”。

一个懂得生活的人，他不会为了迎合生活的发展刻意地加快自己的脚步，更多的时候，他会使用足够的耐心去体味生活，去找寻生活中的一切，用耐心换来好运的眷顾。

掩卷私语

好运犹如香甜的馅饼，每个人做梦都想得到它，但是这个诱人的馅饼只会垂青有耐心的人。绘制自己的人生蓝图，先让耐心为我们的生活添上一笔云淡风轻的绚丽吧！

2. 生活也讲究艺术

有很多人都会觉得自己的生活平淡无味：每天都重复着同一件事情，自己的热情在年复一年、日复一日的重复中消磨殆尽，而根本不知什么是生活的乐趣。孰不知，其实生活也讲究艺术，需要你用心去雕琢。

或许每个人都曾经幻想自己能够拥有一个异常精彩，别人无法企及的生活：充满欢乐，被爱环绕，世界上一切美好的东西都停驻在自己身边……但是，我们知道，这些几乎都是不可能实现的。因为现实不会特别地眷顾一个人，除非你有不得不让它眷顾的理由。如果非要为自己找寻一个受命运眷顾的理由，那么就是——淡定，在云淡风轻中演绎别样的人生，将生活当做一种艺术，用心去雕琢，去感受，去接触。

没必要将太多的压力放在生活中，人来到这个世上，并不是为了做苦力的，虽然金钱和权力的诱惑很大，但是高处不胜寒，你爬得越高，就越害怕跌下来，你拥有的越多，就越害怕失去。可以说，金钱和权力在必要的时候就会变成一种牵绊，让人们陷入自己编织的欲望陷阱中，无法自拔。

总是听到有人在说“忙死了”、“这日子没法过了”、“我简直就是生活的奴隶”……诸如此类的抱怨很多，但是为什么他们的生活中只有繁忙和压力呢？真的是生活让人们不得不如此疲累吗？还是我们忽略了生活的本质，太过追求流俗，以至于忘记了生活本身就是一种艺术？

韩琳终于挨到大学毕业了，她早已厌倦了学校中一板一眼的生活，盼望着早日步入社会，享受自由的生活是她最大的愿望。她毕业后作出的第一个决定就是搬出来租房子自己住，然后找份工作。

有钱赚，又不用再听父母不断地在耳边念叨，韩琳觉得自己是最会享受生活的一个人。但是好景不长，韩琳找的工作薪酬并不高，一个月下来，交完房租，剩下的就只够她的生活费，她成了名副其实的“月光族”。没有多余的钱，不能买漂亮的衣服；喜欢美食的她，面对诱人的美味，也只能摸摸钱包黯然走过；甚至她从上班之后就没有去过麦当劳和肯德基了。当所有的人叫嚣着享受生活的时候，韩琳却觉得生活对自己太过苛刻，她开始讨厌自己目前的生活。

有位要好的同事过生日，邀请了韩琳。当韩琳走进同事的房间的时候，她觉得自己还不算最惨的。同事和别人一起合租了一个房间，房间比韩琳的小多了，没有什么家具，更甭说电视、冰箱等家用电器。但是，韩琳在同事的脸上看到了满足的影子。同事竟然因为这样的生活感到满足？同事生日的那一天，韩琳第一次感觉到自己的生活还不赖。至少她的房间足够大，家具、电器更是一应俱全，虽然租金高点，但是生活本该就是那个样子。

在一次闲聊中，韩琳问那个同事，她是怎样看待自己的生活的。谁知那个同事说出了一句很有意思的话，她说：“生活其实也讲究艺术，就看你怎么看待。在生活中，虽然我的物质条件不怎么好，但是生活却让我的精神很满足，因为我觉得，只要以平淡的态度，艺术的方式看待生活，那么生活就是一种艺术。”韩琳听后恍然大悟，原来是自己一直不懂得生活，所以才会将生活看作是一种痛苦的煎熬。她感激地抱了抱那位同事。

后来，就再也没有人听到韩琳抱怨过自己的生活。她几乎每天都可以找到一两个理由，让自己喜欢上生活中的一切。她觉得，生活其实并没有固定的样子，主要在于人们自己的决定，如果你以一种艺术的方式对待生活，生活就是一种艺术。

我们没必要去抱怨生活，很多时候，生活对每个人都是公平的。它不会去特别偏爱一个人，也不会去故意伤害一个人。人的一生最初的时候都是一张白纸，而生活就像是一支神奇的笔，只有我们自己才可以掌控这支笔，所以，每个人其实是借助生活描绘着自己的一生。

生活的艺术无处不在，一盆养在居室里的花，一株放在阳台上的兰草，朋友们聚在一起的下午茶，同事们无聊时所拉的家常……很多，很多，虽然看上去并不是多么高雅的事情，但是世俗中的艺术更能引起人们的关注。这种世俗中的艺术，也只能从生活中体现出来。

对于生活，抱怨是没用的，抱怨只会让生活更远离我们。要知道生活也讲究艺术，我们不妨用一些文雅的方式去生活：繁忙中享受轻松带来的舒畅，在花草中陶冶自己的情趣，开心的时候大声笑出来，悲伤的时候也不要太顾及自己的形象。淡定可以让我们的生活不再负重；淡定可以让我们的人生不再寂寞。闲庭信步，淡看云卷云舒，对生活讲究艺术，生活自然会以欢乐回报我们。

掩卷私语

为什么让我们的生活如此沉重呢？为什么不让淡定参与我们的生活呢？人的一生不应该沉浸在太多的欲望中，也不该以各种借口让自己的生活负重。生活要讲究艺术，只有善于发现，才能在为自己绘制人生蓝图的时候有据可凭，有景可参。淡定就是生活的艺术，只有淡定，才可以让我们的人生不寂寞，生活更美好。

3. 为自己的人生做一个靠谱的规划

“好的计划可以得到命运的青睐”。人生需要规划，只有为自己规划一个人生，才不至于在千变万化的生活中迷失自己，也不至于在漫漫人生路上忘却自己的目标。

曾经有人将人生比做系统，然后说了这样一句话：“优秀的人有优秀的系统，普通的人有普通的系统，失败的人没有系统！”要想自己的人生不被失败笼罩，那么就要学会规划自己的人生，为自己制订一个目标，然后循着这个目标，一步步将自己的才华展现出来，一笔笔将自己的人生蓝图描绘精彩。

时常有人感叹自己的前途一片迷茫，甚至不知道自己应该何去何从。当跨入社会之后，循着众人的路子，勉强找到了一份工作，将自己投入一段暂时的繁忙之中，但是当繁忙过后，却迷失了自己的方向。懂得生活的人，在这个时候就会很快清醒过来，赶紧为自己制订一个人生规划，然后确定自己的理想，努力去追寻。而不懂生活的人，却接着找寻下一段繁忙，然后继续投身进去。会生活的人懂得规划自己的人生，成为成功和幸福的代言人；不会生活的人，只会让自己的生活一团糟，然后在迷茫中失去自我，成为失败的阶下囚。

规划自己的人生，首先就是要为自己的人生确定一个目标，这个目标不是天方夜谭中无法企及的东西，而是通过努力和奋斗可以达到的一种人生理想。这个理想是建立在充分了解自我的基础上的，不是对欲望的无限度扩展，而是对生活的不服输。在这种不服输的心理作用下，更好地去生活，追求生活中的幸福。

人生光有伟大的理想是不够的，还需要一系列可行的措施作辅助。让理想变成现实的一步步可行的措施，才是人生规划中最精彩的部分。超越现实的理想虽然璀璨，但那永远只是无法碰触的星星，我们的人生不需要这样的理想。幸福的生活，需要我们规划人生，只有确立了一个美好的理想和可行的措施，才可以让我们的人生真实而精彩。

在世界的不同地点，两个年轻人同时对着星空许愿：我一定要让自己的生活比他人的更精彩！然后一颗流星划过，两个人赶紧在自己的衣襟上打了个结。我们姑且称第一个人为曾涛，第二个人为王亮吧。

曾涛在步入社会的第一天，就为自己规划了一个人生：（1）在第一个5年之内成为公司的中层管理者。（2）第二个5年之内成家买套房子。（3）第三个5年之内成为公司的上层管理者。（4）第四个5年之内有自己的一家公司……总之，他将自己的人生分成了若干个5年，每个5年都有明确的目标。而他自己也在不知不觉中朝着既定的目标奋斗，逐渐成为公司的管理者，有了房子、车子，自己的家，最后有了自己的公司。而他的晚年也是按着他的计划，在儿孙的陪伴下幸福地度过的。

王亮在接到入职消息的第一天，就告诉自己：我一定要成为最强的，最耀眼的那个人。于是他也就循着自己的这个目标努力奋斗着。刚开始一切都比较顺利，在极短的时间内，他就成为了众人羡慕的那一个。可是由于他做事太过极端，所以不知不觉中就得罪了很多人。权力和金钱的诱惑，让王亮逐渐迷失了自己的本性，他老是会沉浸在一种幻想中，幻想自己能够呼风唤雨，无所不能。最终，为了满足自己无尽的私欲，走上了犯罪的道路，锒铛入狱。

两个人同样拥有远大的目标，但是命运却给予他们不同的结局。其实，目标再美好，没有一步步可行的措施的辅助，一个没有规划的人生，即使再精彩，就像是璀璨的烟花，也不会持续得太长久。

不管怎么说，规划自己的人生是一件至关重要的事情。那么，在制订人生规划的时候，我们应该注意一些什么呢？

第一：人生规划要做到“入乡随俗”

这个“入乡随俗”就是说我们的人生规划要能够随着自己的人生观、价值观，以及人生目标的改变而改变。人生规划的目的就是要实现自己的人生目标，随着年龄的增长以及阅历的丰富，人的人生观、价值观和人生目标都会逐渐改变，这种情况下，只有人生规划随之而改变和调整，才不至于让生活失去意义。

第二：人生规划是一种自我鉴定

规划自己的人生的时候，首先要充分地了解自己：知晓自己的优劣势，熟悉自己的性格脾气，然后给自己一个合适的定位。讳疾忌医已经不再流行，人们更喜欢将自己大胆地展现在众人面前，任凭他们指手画脚。规划自己的人生的时候，不妨大胆地将自己展示出来，众人的意见再加上自己的了解，那么自己是什么样一个人，应该如何规划自己的人生，估计也就会明了很多。

第三：人生规划的代言词就是“详尽”

制定自己的人生规划的时候最好详尽点，要是能够细化到各个年龄段是最好不过的。太过粗略的人生规划，往往会让我们产生一种懈怠感，因为人的潜能是无限的，有时候本来应该花三年实现的目标，我们也许会在两年之内完成，那么剩下的一年，因为没有具体的目标，就会陷入一种偷懒的心理之中，或多或少会让人们偏离自己的生活目标，甚至使人产生不该有的偏移。

掌握三“注意”后，快速行动起来，不管你现在的人生有没有规划，都行动起来。没有明确生活目标的人，就立刻给自己一个人生规划；而已经规划了自己人生的人，就让自己的人生规划更加详尽。

生活向来都是美好的，人生何处不春风？为自己规划一个人生，即使是掩卷生活，云淡风轻中也有无穷无尽的滋味。而人生的蓝图，相信有了人生规划的加入会更加精彩。

掩卷私语

人生需要规划，生活需要发现。只有为自己的人生做一个比较靠谱的规划，才能够让我们的人生更从容；一个靠谱的人生规划，也可以让我们的生活充满乐趣，不再被寂寞缠绕。

4. 多一点宽容，生活更轻松

宽容可以让我们的生活更轻松，斤斤计较只会让我们的生活变得沉重无比。每个人一生都在为自己编织着梦想，描绘着美好的未来，在自己的生活中加入宽容，平淡的生活也可以演绎出精彩的人生。

雨果曾经说，宽容是最高贵的复仇。在生活中，人和人之间难免会产生摩擦，也许会出现这种情况，一个人指着另一个人的鼻子说："从此之后，你就是我最大的仇人，我绝对不会放过你。"结果这个人一辈子都活在报仇的阴影中，最终不仅仇没有报，自己也抑郁而终。为什么不放点宽容在自己的生活中呢？这样我们的生活就会轻松很多。

宽容他人就是宽恕自己，世界上没有十全十美的人，所以难免会犯这样那样的错误。当别人的错误损害到我们的时候，怒火只会将肇事者的愧疚心燃烧殆尽，只有宽容和谅解才可以让自己以及肇事者所受的伤害减到最少。

宽容是一种生活的态度，也是一个人良好品质的体现。一个宽容待人的人，他不会有太多的敌人，相反，他的朋友却是最多的。一颗宽容的心，它永远都不会感觉到寂寞和孤独。一个宽容的人，他能够通过宽容享受到生活中的乐趣，能够把自己的仇人变成惺惺相惜的朋友；而一个不懂得宽容的人，他只会让自己的人生路越走越窄，最后闹个众叛亲离不得善终的下场。

在竞选美国总统前夕的一次议会演说上，林肯遭到一个参议员的羞

辱，那个参议员说："林肯先生，在你开始演讲之前，我希望你首先记住自己仅仅是一个鞋匠的儿子。"谁知林肯不疾不徐地说："我非常感谢你使我记起了我的父亲，虽然他已经过世了，但是我一定会记住你的忠告，我知道我做总统无法像我父亲做鞋匠做得那样好。"顿时参议院陷入了一片沉默。林肯转过头来对那个傲慢的议员说："据我所知，我的父亲以前也为你的家人做过鞋子，如果你的鞋子不合脚，我可以帮你改正它。虽然我不是伟大的鞋匠，但我从小就跟我的父亲学会了做鞋子的技术。"然后，他又对所有的参议员说："参议院的任何人都一样，如果你们穿的那双鞋是我父亲做的，而它们需要修理或改善，我一定尽可能地帮忙。但有一点我可以肯定，我父亲的手艺是无人能比的。"说到这里，所有的嘲笑化作了真诚的掌声。

有人批评林肯总统对待政敌的态度："你为什么试图让他们变成朋友呢？你应该想办法打击他们，将他们彻底消灭才对。"林肯总统温和地说："我们难道不是在消灭政敌吗？当我们成为朋友时，政敌不就消失了吗？"这就是林肯总统消灭政敌的方法，他用自己的宽容将敌人变成朋友。

就在如今，以他的名字命名的纪念馆的墙壁上刻着这样一句话："对任何人不怀恶意，对一切人宽大仁爱，坚持正义，因为上帝使我们懂得正义，让我们继续努力去完成我们正在从事的事业，包扎我们国家的伤口。"

其实可以将宽容看作一种资源，在我们以宽容的态度对待别人的同时，也为我们自己营造了良好的生存空间，使我们所处的环境更有利于我们的生存。

宽容可以使敌对、消极、紧张的因素变为和谐、积极、轻松的有益的因素，让我们生存的天地更加广阔，使我们人生的道路更加平坦，未来的前景会更加美好，生活也会更轻松。宽容不仅能够使我们自己得到良好的发展，而且还可以帮助他人成长，激励他们爬上人生成功的阶梯。

一位德高望重的长老，在自己寺院的高墙边发现了一把座椅，他知道那是有人借此翻越到寺外去了。于是长老搬走了椅子，站在那里等候。午夜的时候，外出的小和尚爬上了墙，然后跳到了“椅子”上，但是他忽然觉得“椅子”不似先前硬，软软的甚至有点弹性。落地后小和尚定睛一看，才知道那个软软的“椅子”原来是长老，他这一跳是跳在了长老的身上，而后者是用脊梁来承接他的。小和尚仓惶离去，这以后的一段日子里，他诚惶诚恐地等候着长老的发落。但是长老并没有这样做，他压根儿没提及自己作“椅子”的事。小和尚从长老的宽容中获得了启示，于是他收住了心再没有去翻墙，后来通过刻苦的修炼，成了该寺院里的佼佼者。若干年后，他成为了接班的长老。

宽容不仅需要异乎常人的“海量”，更是一种修养积聚而成的生活智慧，事实上，只有胸襟开阔的人才会将宽容很自然地运用到自己的生活中。

有一位智者这样说过：“一生中，人必须学会宽容三次。必须原谅自己，因为没有人是完美无缺的；必须原谅我们的敌人，因为受到我们的愤怒之火影响的只会是自己和家人；在寻找快乐的路途中，必须原谅我们的朋友，因为越是亲密的朋友，就越能于无意中深深中伤彼此。”

掩卷私语

不管是为己还是为人，我们的生活需要宽容。人们对于生活的追求可谓各式各样，但是目的都是一样的：那就是希望生活能够幸福、轻松。而宽容就可以让我们实现这个追求。如果，我们在绘制自己的人生蓝图的时候，掺入一点宽容，我们的生活应该会更轻松一些。

5. 乐观是带来快乐的人生态度

爱因斯坦这样定义快乐，他说："真正的快乐是对生活的乐观，对工作的愉快，对事业的兴奋。"每个人都在追求快乐，但其实，快乐的秘诀始终掌握在自己手里，那就是乐观的人生态度。

曾经有一位很出名的政治家说过这样一句话："要想征服这个世界，首先就要征服自己的悲观。"人生在世，不如意的事情如过江之鲫，如果自己的一生都陷在苦闷和忧愁中，那么你这一生将无法享受快乐！乐观是一种人生态度，只有乐观的心态才可以让我们发现生活的乐趣所在，才可以让我们的生活变得轻松，才可以让我们不感觉到寂寞。

很多时候，生活中的种种不如意，并不会按照我们的意愿而改变。既然不开心的事情已经发生，那我们不妨将这些不如意的事情看作是我们自编自演的一场戏，虽然开始的时候比较苦情悲剧，但是结局如何还是掌握在我们自己手里的。我们能够作为自己戏中的主角，演绎我们自己的人生，未尝不是一件值得让人开心的事情。所以很多时候，我们没必要将自己的思绪沉浸在忧伤之中，一味地沉迷于忧伤，只会使忧伤无限扩大。"去留无意，闲看庭前花开花落；宠辱不惊，漫随天际云卷云舒"。人生之事本就千变万化，悲观根本就于事无补，那我们为何不淡定一些，豁达一些，以乐观的态度来对待我们的人生，以积极的心情来生活呢？

张清觉得自己是世界上最倒霉的一个人。他不受老板的器重，女朋友也因为他没钱而跟别人走了。他觉得自己的人生已经没有希望了，于是独自一人徘徊在一条小河边。

过了许久，有一个老太太拎着一篮子菜颤颤巍巍地从小河的桥上走过，张清看到立马上前搀扶，才发现老太太一只眼睛是失明的。过桥之后，老太太停下来歇了歇。张清问她为何年纪这么大了，还一个人在外边行走。经过一番交谈才知道，老太太的儿女嫌她老了，于是就将她抛弃了。老太太受当地政府的资助，再加上自己种点菜卖，也能维持生计。种菜、卖菜让老太太感受到了很多的快乐，卖菜的时候她认识了很多像她这般年纪的人，时常受到他们的照顾，她今天是去为那个经常照顾她的老大姐送菜，因为那老大姐喜欢吃新鲜蔬菜。在老太太的脸上，张清没有看到一丝的哀伤神情，反而发觉她对自己现在的生活很满足。虽然她遭到儿女的遗弃，但是如今的日子却过得开心而满足，这未尝不是一种快乐。

张清回来之后就想明白了，他不再抱怨，也从失恋的阴影中走了出来，以乐观的心态对待生活和工作。几个月之后，张清不仅升了职，而且身边也多了一位女孩，这个女孩没有之前的女友那般娇贵，却很善解人意。

换个心态，人生就会不一样。用乐观的态度对待生活中的一切，那么即使是面对“山河破碎风飘絮”，也可以感受到曾经的“百鸟枝头唱春山”。即使是身处满目萧条的深秋，我们也可以发现满山遍野的红枫。乐观可以让一个人增强自己对生活的信心，即使是面对艰难困苦，依然可以保持一颗淡定的心，拥有一份坦然的姿态。

微笑是乐观最好的表达方式，也是击败悲观的最有利武器。不管我们面对的情况多么糟糕，我们的处境多么艰难，都不要忘记告诉自己保持微笑。微笑着看待一切，只有微笑，我们才会拥有足够的勇气征服纷至沓来的厄运；只有微笑，我们才能得到好运的眷顾，将不利于自己的局面一点点打开。

乐观的人，困难在他的面前是一块炼金石，通过它，他们可以让自己的梦想成为现实，让自己的生活更加快乐；悲观的人，困难就是他们最大的灾难，不仅能让他们丢失生存的勇气，甚至将原本就很不如意的生活弄得更糟。乐观的人，玩弄困难；悲观的人，被困难玩弄。只有乐观的人生态度，才可以让我们远离寂寞的骚扰。

以前有两个孩子，他们在同一家农场里干活。有一天农场主将两人找来，让他们分别去邻近的两个城市销售农产品。其中一个孩子想，农场主怎么会把这么倒霉的事情交给自己呢？莫不是他对我不满意，专门借销售赶走我吧！于是他在赶往邻近城市的途中就自行走掉了，连他之前干活的薪水都没要。

而另一个孩子并不认为这是一件坏事，相反地，他认为主人一定是想借机考验自己的能力，说不定还会提拔自己呢！于是他乐滋滋地去了主人所说的那个城市，并运用自己的聪明将农产品全部销售了出去。他回去后，农场主果然提拔了他，同时很遗憾地告诉他，其实他很看好这两个孩子，打算同时提拔他们，谁知另一个孩子却无缘无故地走掉了。

前一个孩子因为生性悲观，所以错失了发展的机会，而后一个乐观的孩子，却拥有了自己梦想的一切，同时，他的生活中也充满着快乐。

一个人的心态是什么样的，那么他的人生和生活也就会是什么样子。要想时时守住乐观的心境并不是一件容易的事情，反倒是悲观在寻常的日子里随处可见。乐观需要我们的努力，是一种生活的智慧，只有对生活充满希望，才能时时保持乐观的心态。悲观使人生的道路越走越窄，而乐观使人生的道路越来越宽，选择乐观的态度对待人生是一种机智，以乐观的心态生活是一种智慧。乐观是坚韧不拔的毅力支撑起来的一道人生风景，是我们绘制自己的人生蓝图必不可缺的一笔。

人生何处无风景，关键在于我们保持一个什么样的心态。乐观地对待生活中的一切，“不以物喜，不以己悲”，我们就可以看遍天上胜景，览尽无边春色；享受到生活的甜蜜，体验到人生的快乐。只有乐观的人生态度，才可以让我们的生活更美好，让我们的心灵不寂寞。

掩卷私语

“百日阴雨总有一朝晴”，即使人生中有许多的不如意，但只要你有一个乐观的心态，那么你终究会等到自己如意的时候。乐观是一种人生态度，我们的生活需要发现，淡定可以让我们的生活充满快乐。

6. 知足可以发现生活的美好

知足可以让我们发现生活的美好。《道德经》上有这样一句话：“祸莫大于不知足。”只有知足，才能够让我们发现身边的风景，才能够让我们珍惜现有的生活。有追求固然是重要的，但是生活中我们要学会知足，这样我们的生活才不至于受到压力的侵扰。

有一位国王，他拥有大片的国土，数不尽的钱财，但是他总是觉得不快乐，尽管他也有意识地参加一些有意思的晚宴和聚会，但都无济于事，总觉得缺点什么。

一天，国王起了个大早，决定在王宫中四处转转。当国王走到御膳房时，他听到有人在快乐地哼着小曲。循着声音，国王看到是一个厨子在唱歌，脸上洋溢着幸福和快乐。国王很奇怪，他问厨子为什么如此快乐？厨子答道："陛下，我虽然只是个厨子，但是我一直尽我所能让我的妻儿快乐，我们所需不多，头顶有间草屋，肚里不缺暖食便够了。我的妻子和孩子是我的精神支柱，哪怕是一件小东西，只要我将它带回家，都能让他们感到满足。我之所以天天如此快乐，是因为我的家人都懂得何为知足。"

国王终于知道自己不快乐的原因了，于是他开始试着让自己学会知足。他不再通过征战去扩大自己的领土，也不再通过增加税赋来充盈自己的钱库，他不会为了一件华美的衣服而心急如火，也不再为得到一件稀有的宝物不择手段……慢慢地，他发现自己脸上的笑容也多了，生活中的乐趣也多了。而他的臣民们却更加拥戴他，称赞他为最伟大的国王。

其实，生活中还是有很多值得高兴和开心的事情的，就是因为我们的不知足，才打破了那许多的美好，为了追求一些虚无并没有实质意义的东西，甚至不惜付出失去快乐的代价。即使得到了自己想要的，却远远没有之前那般快乐。人的欲望，就好像是一个黑洞，无论你放入多少东西，黑洞只会将其吞噬。

知足，并不是让我们摒弃一切的追求，人生是需要一定的目标的，实现目标本来是让人开心的事情，但是如果目标太过，那么无休止的欲求不仅会让我们自己变得面目可憎，而且更会让我们的生活一团糟。知足并不是停滞不前，知足是一种发自内心的满足，懂得知足的人，他们有一定的人生追求，他们能够发现生活中的美好，能够让自己的人生充实而快乐。知足是一种处于淡定中的追求，知足的人知道自己想要什么，也明白自己的能力。他们享受生活，掌控生活，而不是在欲望的支配下，成为生活的奴隶。

有一位天使在人间送信的时候不小心睡着了，醒来之后，发现翅膀被偷走了。没有翅膀的天使，能力比普通人的还要小。她又冷又饿，于是来到一户人家的门口。“我是天使，请把门打开。”天使一边敲门一边说。这家人打开门，看到天使被雨淋了，衣服又皱巴巴的，就问：“你给我们带来了什么礼物?”天使回答说自己的翅膀丢了，回不去天堂，所以没有礼物。这家人听后就直接关上了门。天使敲了第二家、第三家的门，都遭到了拒绝。

天使没办法，只好蹲在村口哭。一个牧羊人看她可怜，就把她带回了家。天使留在了牧羊人那里，开始牧羊。她每天梳理一些羊毛留下，日积月累，她为自己织了一对羊毛的翅膀，然后在牧羊人目瞪口呆的注视下飞走了。几天之后，天使来答谢牧羊人，问他要什么。牧羊人说：“让我增加100只羊吧。”羊群增加了100只，牧羊人比过去更累了。于是他找到天使，请她把羊收回去，然后为自己盖一间大房子。牧羊人在大房子里住着，发现到处是灰尘，怎么也打扫不过来。于是他用房子换了一匹马，牧羊人骑在马背上，但是不知要到何处去，就把马还给了天使。随后天使问他还需要什么东西，牧羊人却说自己什么也不需要。

于是，天使决定送牧羊人一件无价之宝，那就是——性格。她问牧羊人需要什么样的性格，谁知牧羊人却告诉她说，自己已经拥有了这样的性格，那就是“知足”。

没有什么性格比知足更珍贵了的。人们确实拥有很多的愿望，为了实现这些愿望他们甚至一辈子都在拼命地奋斗。但是我们也可以从故事中看出，太多的愿望不仅不会让我们的生活变得快乐，反而会变成我们人生中的累赘，成为我们获得快乐的最大阻碍。

故事中所讲的道理，其实也折射出了我们现实的人生。我们为了实现自己各种各样的愿望，不断地逼迫自己加快生活的脚步，但是当一个个愿望达成的时候，有了梦寐以求的车子和房子，有了理想中的高收入和地位，甚至可以将权力紧紧攥在自己的手里，拥有了比他人更多的东西，却独独不见了快乐的踪迹。过快的生活节奏，让我们的追求失去了其本质，其实我们之所以苦苦追求，不断奋斗，无非就是为了追求快乐和幸福。但是，我们必须清楚，得到更多未必就会更快乐！要想快乐与自己同行，就要将知足留在自己的性格之中。

少一分欲求，就会多一分知足；多一分知足，就会多一点快乐！平淡的生活中的快乐反而更多、更真实一些。生活需要我们去发现，不要将自己埋在那些无边的欲望之中。要知道，世界上最难满足的就是欲望。要是想让自己的生活多一点美好，那么就学会淡定，学会知足，只有挣脱了欲望的牵绊，才可以让自己的生活轻松，人生更有意义。

掩卷私语

生活中没有太多欲望的牵绊，反而会简单快乐一些。有句话说“无事一身轻”，这并非是一句自我安慰的空话，而是一句富含哲理的名言。没有了名利的困扰，在知足中反而找到了久违的快乐，这就是生活的乐趣所在。

第二章　摆脱不该承担的负荷
——释放心灵的压力

生活并不会将太多的负担加在我们的身上，我们要想自己的生活多一点快乐，就要摆脱那些不该承担的负荷，释放自己心灵的压力。不要将自己埋在琐碎中，我们的生活需要雕琢。想雕琢生活，就先学会雕琢自己的心灵，只有一个不受压力影响的心灵，才能够为自己的人生确立一个伟大的目标。目标确立之后，就需要我们大胆地去追求快乐，需要我们有足够的勇气去面对一切，物质可以是我们生活的一种需求，但是却不能让其占主导地位。在淡定中用心享受生活，即使再忙，也能从中品出特别的滋味。

1. 摆脱琐碎的折磨

生活中的琐碎是我们无法避免的，很多时候这些琐碎不仅会让我们感到疲累，甚至还会让我们失去对生活的信心。但是千万不要将自己埋葬在琐碎中，摆脱那些不该承担的负荷，在淡定中，我们自然能够让自己的心灵得到释放。

“烦死了，烦死了，天天都是这样子，我真的不敢想象自己的一生就要在琐碎中度过！”大概很多人面对琐碎的生活的时候都会有这样的抱怨吧。确实，繁琐的生活就好像是一副沉重的枷锁，不仅让我们的身体觉得沉重无比，更为我们的心灵带来了难以估计的重荷。我们应该想办法让自己的生活零负担，让我们的心灵不再受到琐碎的牵绊。

很多时候，我们都会觉得生活似乎本来就是这样子的：我们每天都在不断地重复着每一件事情。随着时间的流逝，日复一日的重复让我们的生活已经变得毫无激情，而那些琐碎却聚集在一起形成了一副坚固无比的枷锁，不仅将我们的身体禁锢，甚至把我们的心灵也深深地打入寂寞之中。在琐碎中我们看不到生活中的任何希望，也感受不到人生所谓的意义。

小敏不知道自己的生活为何会陷入如此惨状：她为了生计每天不到6点就起床，中午就一个小时的休息时间，她还要赶回家为年老的婆婆做午饭，然后下午4点不到就要去幼儿园接儿子放学，老公一下班就只知道玩电脑。家中因为儿子的调皮，往往被弄得乱七八槽的，小敏一回家就要收拾屋子，然后做饭，给婆婆和儿子洗澡，最后自己上床的时候往往都是12点以后了，连和老公说点悄悄话的时间都没有。老公从来不知道帮忙，甚至有时候她多说两句，老公就会发火。她真的不理解，到底是什么让那么喜欢安逸的自己变得如此繁忙？让以前那么体贴的老公动不动就发火？甚至让夫妻之间连沟通的时间都没有了？

从上面的故事中，我们可以看出，主人公的生活一直陷在琐碎中，所以就感觉到繁忙与无奈。可能在我们的人生中因为琐碎，我们会感觉到生活给予我们的似乎只剩下抱怨了。我们在抱怨中不断缅怀着往昔生活的美好，甚至甘愿将自己停顿在这美好的回忆之中。但是，我们又很清楚地知道，时间是不会为某个人而停留的，即使我们想要沉浸在回忆中，现实也是不允许的。我们必须在这许多的琐碎中，让自己的生活继续下去。

我们既然选择了这样的生活，就应该相信一定有它的可取之处。我们应该想到，曾经为了得到现今的生活，我们是如何地起早贪黑，如何地拼命，终于在不断地竞争和奋斗中，搭上大半的青春和时间，辛辛苦苦才打造出了现在的生活。虽然琐碎点，但是这些琐碎中也有欢乐，只要我们愿意丢掉心灵的枷锁，让我们的心灵得到释放，那么，生活还是可以变得很美好的。

我们如何才能不让自己埋在琐碎之中呢？不妨看看以下的建议：

摆脱琐碎第一招：能忽略就忽略，眼不见心不烦

都说对敌人最大的鄙视，就是将他彻底地忽略。如果无法忍受生活中的琐碎，那么就将它彻底忽略吧！也就是所谓的眼不见心不烦，我们都不当它是一回事，那么这些琐碎自然也就不会成为我们生活中的困扰了，更谈不上让我们的心灵产生压力了。这是脱身琐碎最简单的一招，但是如果你没有足够宽阔的心胸，那么就耐心看看下面另外几招吧。

摆脱琐碎第二招：以干大事的心态对待小琐碎

既然无法将这些琐碎彻底忽略，那么面对它，解决它的时候就换个心态吧！只要在解决它的时候幻想自己是在做一件很重要的、对自己将来的生活和人生有很大影响的事情，那么我们的心理多少就会平衡一些。虽然耗费了自己的一些精力处理这些琐碎事，但是毕竟还是为了自己生活得更快乐，为了让自己的心灵摆脱不该有的牵绊。算来算去，最后获利的还是自己，除去麻烦又得到好处，没有人会拒绝这样的好事。

摆脱琐碎第三招：将琐碎看做是磨炼自己耐心的工具

这招是面对琐碎最积极的应对方式。人生处处皆能历练，为了使自己不断变强，让自己的耐心升级，将生活中的小琐碎当作一种磨炼耐心的工具是最好不过的了。生活中那些琐碎事就像是无法摆脱的捆绑，每一件都挑战着我们的耐心。所以说，能将生活中的琐碎事当做一种磨炼的人，他们的耐心一定是最棒的，而他们的成就也不会太小，同样，他们的生活也应该是快乐的。

摆脱琐碎第四招：苦中作乐，让琐碎变为快乐的源泉

乍看上去，这招好像是在教人们怎样自欺欺人。苦中作乐在很多人看来确实是一种自欺欺人的行为。但是孰不知，生活中来点苦中作乐自有一番风味。生活需要我们面对各种各样的琐碎，因为琐碎是组成生活的一部分，没有了琐碎，生活也就不会完整。既然无法根除，那么就换一种对待方式，将这些琐碎事看作是快乐的小源泉，以一种积极向上的态度去面对，那么琐碎带来的就不是折磨，而是享受了。任何事情都有它的两面性，我们不能只看到它的一面。这招是聪明人运用的招数。

看了以上的一些建议，我们可以懂得，其实生活是否快乐，选择权就在我们自己手里。即使我们的生活已经被琐碎掩盖，但是只要我们愿意，在琐碎中我们的生活依然会很精彩，而那些之前的所谓负荷和烦恼，只要我们愿意摆脱一些东西，一切都会变得好起来。摆脱不该承担的负荷，不要将自己埋在琐碎中，只要释放心灵的压力，那么，云淡风轻中，我们自然可以感受到生活给予的快乐。

掩卷私语

不要抱怨，也不要唠叨，更不要将自己埋在琐碎中。生活其实很美好，心灵只有在释放中才能自由地飞翔，摆脱那些不该承担的负荷，让我们的心灵在自由呼吸的同时享受生活带来的幸福。

2. 让爱心为我们的人生导航

学会雕琢自己的心灵，生活中需要爱心。都说以心换心，我们要想从生活中得到快乐，那么就先以自己的爱心来面对生活中的一切吧！

像一首歌中唱的那样："如果人人都献出一点爱，世界将变成美好的明天。"生活有时候给予我们的并不是我们所期许的，但是无论如何人们还是希望生活能给自己带来好的东西，希望能在生活中得到快乐和幸福。想要获得快乐，我们就应该学会摆脱一些不该承担的东西，只有完全释放了自己心灵上的压力，才能在坦然中得到自己想要的。显而易见，爱心就可以将我们心灵上那些不该存在的压力释解掉。

爱心不是锦上添花，但绝对是雪中送炭。当别人遇到困难的时候，慷慨地伸出自己的手，将他拽出困难的泥坑，即使没有回报，但是我们的心灵却是暖和的。有一句话说"人在做，天在看"，只要自己的所作所为无愧于心，那么我们的爱心迟早会被播入他人的心田，继而发芽开花的。爱心不是一种怜悯的施与，而是建立在平等基础上的帮助。生活中，唯有爱心播下的充满希望的种苗，才能结出快乐幸福的果实。

我们时常会发现，有爱心的人，他们总是很受邻居们的欢迎，他们的脸上总是很少出现忧虑的影子；有爱心的人，他们懂得如何在淡定中享受自己的人生，面对困难的时候，他们总是显得要比他人有耐心；有爱心的人，他们不会将太多的包袱挂在自己的身上，更不会让自己的心灵负重，他们懂得什么东西应该放下，什么东西必须承担；而有爱心的人，往往会受到好运的眷顾，命运的青睐。

在美国东部的一个地区，那是一个风雪交加的夜晚，一位名叫克雷斯的推销员，他的汽车坏在了一个人烟稀少的山区。周围都是白茫茫的一片，风吹着雪花刮在克雷斯的脸上。克雷斯焦急万分，他很清楚地知道，如果自己不能快速离开这里，那么就只能被活活冻死。就在这时候，一中年男子骑着马路过此地，那男子看到克雷斯的情况之后，二话没说，就用马将克雷斯的小车拉出雪地，一直拖到临近的一个小镇上。克雷斯万分感激，当他拿出一沓钱对这个陌生人表示感谢时，中年男子却说："我帮助你并不是为了得到回报，如果你真要感谢我，那么就给我一个承诺吧。当你遇到别人有困难的时候，你也同样尽力去帮助他。"克雷斯对着那个人很慎重地点了点头。

在后来的日子里，克雷斯尽自己的所能帮助了许许多多的人，并且将那位中年男子对他的要求同样告诉了他所帮助的每一个人。那是6年后的一天，克雷斯被一次骤然发生的洪水围困在了一个小岛上，就在这时候一位少年帮助了他。当他要感谢少年的时候，少年竟然说出了那句克雷斯永远也忘不了的话："我帮助你并不是为了得到回报，如果你真要感谢我，那么就给我一个承诺吧。当你遇到别人有困难的时候，你也同样尽力去帮助他。"克雷斯的心里顿时涌起了一股暖流。

这就是爱心，爱心是可以传递的。生活中并不需要那么多十分明确的理由，如果每个人做事都只考虑自己的利益，那么这个社会就会变得冷酷无情，而生活也会以冷酷无情"回报"人们的"付出"。"种瓜得瓜，种豆得豆"，生活对每个人是慷慨而苛刻的，我们种下的是善，生活会加倍地以善果回报我们；如果我们种下的是恶，那么生活也会加倍地将这些恶果还给我们。只有爱心才可以让我们的生活更美好，让我们得到更多的快乐。

曾经有一个富翁给了一个乞丐10枚金币，并鼓励这个乞丐去找个事情做。后来这个富翁遭到他人的陷害，以至于失去了万贯家财，不仅妻离子散，自己最终也沦落成为街头要饭的乞丐。就在他快要饿死街头的时候，却被一位生意人所救，这个生意人不仅出钱为这个富翁买了房子，还动用各种关系，将富翁失去的财产夺回，然后悉数还给富翁。后来富翁才知道，这个生意人就是自己当年给过10枚金币的乞丐，顿时感慨万分，自己本是无心插柳，谁知道这个无心的"好心"，却在若干年后让自己重新得到失去的一切。这就是爱心的作用，爱心可以产生奇迹。

帮人就是帮己，谁也不敢保证自己的一生能够一帆风顺。我们应该都经历过挫折，承受过打击，当然也得到过他人的帮助。任何人在陷入困境的时候，都希望能有好心人拉自己一把，我们没必要用冷漠故意将自己和周围的人划清界限。只有在爱心的包围中，我们才能够知道何谓亲情的温馨，为什么用生死之交来表述友情；可以知道，为什么爱情能够让人许下"生当共枕，死亦同穴"的誓言；可以知道，有些人帮人即使不留名，也还是会受到众人的赞扬……这一切都是因为一个词——爱心。爱心让我们的生活变得多姿，让我们的人生得到充实。

我们将微笑留给生活，生活回报我们以快乐。淡定的人生需要我们用爱心来发现生活，享受生活。爱心可以驱散我们心灵深处的寂寞，可以帮助我们卸下不该承担的生活重担，能够把我们从欲望的陷阱中拉出来，让迷失在人生途中的我们找到自我。学会雕琢自己的心灵，在爱心中找到生活的真谛，在淡定中让我们的人生远离寂寞。

掩卷私语

人生中需要我们投注的东西太多了，我们想从生活中得到的东西也太多了。但是至少我们要掌控自己的人生，用爱心雕琢自己的心灵，那么在淡定中，我们就可以在投入东西的同时得到等同的回报。

3. 拒绝胆小的牵绊

人生需要追求，只要确定了目标就大胆地去追求，否则一旦错失良机，就悔之晚矣了。放下不必要的顾虑，生活需要我们拥有足够的勇气去追求，只有毫不犹豫地抓住机会的尾巴，我们才能够让自己的梦想变为现实。

生活不会刻意地去宠爱一个人，机会也不会站在原地等我们变得胆大的时候再去攫取。如果确定了自己的目标，就大胆地去追求，不要怕自己会因为道路的坎坷而摔得头破血流，也不要怕事情太过繁琐而将自己陷入毫无头绪的纠结中。不经历疼痛，就不会知道人生的不易，不解开这些繁琐小事，就永远无法理顺自己的人生。放下不该有的顾虑，只有在大胆的追求中，才能够窥知生活的意义。

胆小怕事是懦弱者的表现，一个对生活有追求，对人生有期望，能够不向任何困难妥协，渴望成功和快乐的人，他不会让胆小成为自己人生之路上的绊脚石。相反地，他会大胆地毫不犹豫地将道路上的障碍一一清除，然后顺利到达自己的目的地。人的一生本该如此，既然有追求，就不应该让胆小成为阻碍追求实现的借口。只要我们克服了心理上的懦弱，那么机遇或许就会在我们转身的一瞬间出现。

黄昏时刻，有一个人在森林中迷了路。眼见天色渐渐暗下去了，夜幕即将笼罩整个大地，黑暗的恐惧和危险，一步步地逼近这个孤独的旅人。这个人心里明白：自己只要一步走错，就有可能掉入深坑或者陷入泥沼。潜伏在树丛后面饥饿的野兽，正虎视眈眈注视着他的一举一动。一场狂风暴雨式的灾难正威胁着他，侵袭着他。万籁俱寂，对他来说这是一片死前的寂静和孤单。

就在他想要放弃的瞬间，有一丝微弱的光芒，一闪一闪，似乎带来了一线光明，却又不时地消失在黑暗里，留给人迷茫。但是这对于孤独的旅人来说已经足够了，这无异于漂流在汪洋中的溺水者看到了一根稻草，虽然一根稻草是那么地无济于事，但是都会被认为是救命的法宝。

于是他决定去找寻那一闪一闪带着希望的微弱星光。一路上，他不断挥舞着自己手中的树枝，荆棘划破了他的裤管，划伤了他的皮肤。甚至好几次他已经遇上了在林中觅食的野兽，但都幸运地躲过了。他知道，除非自己勇敢地走下去，否则待在森林里，那唯一的结局就是等死。终于，在他筋疲力尽的时候，在前方发现了一个小木屋，他之前所看到的星光，就是挂在木屋房檐上的马灯在风中摇曳的灯光。在插上木屋门闩的那一刻，他很庆幸，自己终于可以毫无担心地睡一觉了。

胆小可能会让一个人自动走入死亡，而大胆却能够让他在死路中走出一条活路。“山重水复疑无路，柳暗花明又一村”，只有拥有足够的勇气，大胆地走下去，才能够找寻到正确的方向。生活中何尝不是如此，很多时候，我们为了自己的追求苦苦奋斗，经历过无数的艰险，终于快要到达目的地的时候，却被最后一个看似十分凶险的困难挡住了脚步。只因为放不下心里的那一点点害怕，所以不愿意去试最后一次，结果，在看到别人顺利闯过这最后一关后，因为自己错失良机，而在叹息中黯然离开。怪不得有人说，好运对于胆大的人来说，只有一步之遥；但是对于胆小的人来说，却隔着千山万水。

凯罗是一个性格内向的年轻人，眼看着就要到30岁了还没有一份令他满意的工作，家人很着急。实际上他自己也很着急，他早已有了打算，就是想进所在城市的一家大型的百货公司当主管。

在一次偶然的机会中，凯罗得知那家公司正在招销售人员，虽然招的人不多，但也是一个机会。在去应征之前，他去找了那个公司的与他较为熟识的一个员工了解情况，好让自己能够从容应对。找到那个人，凯罗并没有得到自己想要的信息，而是得到了让他犹豫退缩的信息。那个人说，这个公司的销售人员是最难做的，也是最没有前途的，因为这个百货公司很大，光是销售人员就有几百个，其中不乏佼佼者，连他们有时候都没有晋升的机会，更何况是刚去的新人。听了那个人的说法，凯罗连尝试的勇气都没有了，所以他就放弃了那次机会，去了一家比较好的工厂上班。

但是后来他无意间跟自己的同事聊天说起那家百货公司，他的同事告诉他，在上一次的应征会上，他的妻子也去做了销售，待遇特别好，而且晋升机会也不错，现在已经干到了销售代表总监……凯罗似乎再也听不进去了，因为他觉得自己真的是与机会擦肩而过，也与自己的梦想擦肩而过了。如果当初他没有那么胆小，他肯去尝试一下，可能现在他也不会像现在这样遗憾了。

因为凯罗的胆小，所以与自己的梦想擦肩而过。对一个坚决朝目标前进，敢于大胆追求的人，别人一定会主动为他让开道路，但是面对一个胆小懦弱，踌躇不前的人，别人一定会抢在他的前面得到原本可以属于他的一切。这就是生活对人们公正的评判。我们都应该知道，两点之间，直线最短。如果我们确立了目标，就应该下定决心大胆地朝着既定的方向走去，越直接越好。瞻前顾后，患得患失只会使自己与成功和幸福擦身而过。

要想自己的人生中没有那么多的遗憾，要想将快乐幸福的足迹留在自己的生活中，那么就先摆脱一些顾虑吧！释放自己的心灵，让大胆成为自己追求成功和快乐的武器，走出胆小怕事的误区，在追求中享受自己的人生吧！

掩卷私语

不要让忧虑和恐惧隐藏在我们的心灵深处，生活喜欢给有勇气的人机会。人生之中总会遇到一些困难和阻碍，既然确定了自己的目标，那就大胆地去追求。要记住：当人遇到什么难事的时候，往往是成功的先兆，只有能够战胜胆小的人，才有机会拥有成功。

4. 不要让物质成为心灵的负担

不要让物质成为心灵的负担，生活并不是为了追求物质的富裕。很多时候，太过追求物质反而会让自己的心灵负重，无端增加生活的压力。在生活中，我们要学会放下，不要让物质主宰我们的人生。

生活中，人们喜欢物质所带来的愉悦。很多人，为了证明自己的能力，往往会以物质数量的多寡以及质量的高低来向众人炫耀。这个社会中的芸芸众生，完全清心寡欲的人没有几个，很多人还是喜欢追求物质的享受的。但是，追求要有个度，过分地追求物欲，反而会让物质成为我们心灵上的一种负担，侵蚀了简单生活中的快乐。

随着社会的进步，经济也在飞速地发展着，我们放眼望去，一幢幢耸立在城市之间的高楼大厦，无不在展示物质带来的种种好处。没有人会放着美丽宽敞的大房子去住简陋潮湿的小屋子；也没有人愿意将空调搁起来，在炎热的夏天承受着汗流浃背的煎熬。物质本身没有错，人们追求物质的享受也是很常见的事情，这是很多人都能够理解的，也是很多人人生追求的一部分。但是我们也看到许多人为了追求物质的享受，却干着一些令人发指的事情。为了达到自己的目的，人命在他们手里就好像草芥，法律在他们面前形同虚设。这是物质的诱惑让他们失去了人性，将他们送上了一条不归路，这也是人生的一种悲哀。总之，做人还是要有一定的标准，追求物质的享受也要有一定的限度，凡是超越了这个限度的，最终都会沦为欲望的奴隶，让自己的心灵在物质的引诱下不堪重荷，最后窒息。

很久以前，有一个商人掉进了河里，还好他会游泳，但是河水流得有点急，商人拼命地游啊游，就在快要接近岸边的时候，他却感觉到有点筋疲力尽了。他知道，自己之所以在水中游得如此费劲，主要原因就是绑在他腰间的那个布褡裢的关系，那里面有他经商一年所赚的金元宝。到底要不要放弃一年的收入？商人犹豫了。

第一个决定：钱还可以再赚，命只有一条，还是放弃吧！于是商人心痛地解下了缠在腰间的布褡裢，然后休息了一会儿，用尽吃奶的力气向岸边游去。终于他爬上了河岸，虽然失去了金元宝，但是捡回了一条性命，他还是很开心的。

第二个决定：这么一褡裢的金元宝攒起来不容易，或许我可以停一下积攒点气力，就可以游到河岸了。于是商人停下来，将腰间的褡裢紧了紧，然后使劲地向河岸游去。但是那一褡裢的金元宝实在重量不小，再加上河水的阻力已经将商人的力气用尽，商人最后抱着自己的金元宝沉入了河底深处。

太过地执著于物质，只会葬送了自己的性命。对待物质的态度，只有当舍则舍，才不至于让自己成为物质的陪葬品。

人生一世，大部分的时间都花费在对物质的追求上。先是拼命地赚钱买房子、车子，等有了房子和车子，却又开始追逐地位和权力。就这样，他们在周而复始的追逐之中，慢慢地被金钱控制，陷入欲望的陷阱中无法自拔。

物质不仅侵蚀着人们的生活，而且也阻碍着感情的顺利发展。许多人结交朋友的时候先要看看对方的经济基础，然后根据经济的具体情况，自动将身边的人划分为可以亲近的一类和永远不相往来的一类；许多人在择偶的时候，先要看看对方有没有房子和车，如果没有，即使感情再好，也不会将其看作结婚的对象。

陈芳本来和李明已经谈婚论嫁了，但是就在他们快要结婚的前一周，陈芳却提出了分手。原来是陈芳遇上了一个比李明更有钱的男子。陈芳本来就长得好看，那个男子声称对她一见倾心，于是在那个男子高明的追求手段下，陈芳抛弃了相恋3年即将结婚的李明，坐着那个男子的宝马车走了。当李明问陈芳离开自己的原因的时候，陈芳却理直气壮地答道："这个世界上，是有真爱的，我确实很爱你，但是我更爱物质带来的享受。如果让我在爱人和物质之间做选择的话，我情愿选择物质！"就是这一句话，让李明对陈芳除了失望还是失望。但是陈芳的结局却不是很好，她的男人在和她同居3个月后就没了踪影，听说是身边又有了一个漂亮的女孩子。陈芳不仅没有享受到物质，连自己的爱情也失去了。

人生中，任何时候都不应该让物质占主导地位。为了物质放弃不该放弃的东西，到时候受伤害的，只有我们自己。说句实话，人生一世，生不带来，死不带去。我们一辈子都在追求这个，追逐那个，到头来任何一件东西都带不走，功名利禄最终也是一场空。为何要将自己大把的时光花费在一些无意义的追逐上？除了物质，我们应该还有更多追求的对象：一份真挚的友情，一段感人的爱情。为自己的心灵找个寄托的对象，不要让自己的心灵在物质的牵绊下成为寂寞的游魂。

要想不让物质成为我们心灵的负担，就要学会以淡定的心态去对待一切。纵然是面对种种诱惑，也毫不动摇心智。让生活回归到自然的状态，“日出而作，日落而息”，如果是年轻的上班一族，我们自是尽本分做好自己的工作，凭着自己的能力拿自己该得的那份；如果是一个退休了的居家闲人，那就养养花，弄弄草，享受享受含饴弄孙的快乐，这难道不是一种快乐的生活吗？忙碌中不乏悠闲，悠闲中也不缺少趣味，享受简简单单的快乐，才能轻轻松松地生活。

掩卷私语

赤条条来，赤条条去，我们一辈子都在追逐，但是临了却带不走任何东西。物质累积得再多，也比不上快乐和幸福。面对人生，淡定一些，抛下不该担负的重量，不要让物质成为我们心灵的负担。

5. 学会用心享受生活

用心享受生活，将生活给予我们的种种当作是上天对我们的一种恩赐。怀着一颗感恩的心去面对生活，那么我们就可以发现一些隐藏在生活中的乐趣，我们的生活就会变得更加美好。

有人说世界上并不是缺少美，而是缺少发现美的眼睛。面对生活，我们不能只看到生活中的一些琐碎，也不要一直让自己沉浸在生活的磨难所带来的痛苦之中。生活并不欠我们什么，命运之所以将这样的生活安排给我们，相信也有它自己的道理。既然无法改变命运的决定，那么就试着改变生活的方式好了。学会用心感受生活、接受生活，然后享受生活。当我们抛下许多的心灵包袱之后，就会发现，原来生活能不能变得美好，决定权其实一直都在我们自己的手中。

用心感受生活，就不会凭着自己的想法，轻易去抵触生活给予我们的一些磨难了。用心感受生活，首先就要学会接受，不管生活给予我们什么样的礼物，我们第一步要做的就是接受，坦然地将生活的赐予接在手中。然后看看它是圆的还是扁的，如果圆得太过刺目，那么就将它按扁一点好了；如果扁得毫无生气，那么不妨将它弄得圆点。而我们大可以在这种捏扁弄圆的过程中享受到生活的快乐，只要我们将全部的心思放在一件事情上，完成它的过程就是我们享受快乐的过程。

到底怎么才算是享受生活呢？可能有的人会说：我用一辈子的时间赚很多的钱，然后用这些钱买房子、车子、电视等更多的东西，花钱的整个过程就是我享受生活的过程；也会有人说：我结婚生子，然后赚足够的钱，替自己的儿子娶个媳妇，为他铺平所有的道路，然后看着他们快乐地生活，我就觉得自己已经在享受生活了；还有的人会说：简简单单地过一生，和自己的爱人弄弄草，养养花，然后能够安享晚年就可以了。物质的享受，纵然快乐，却只是一时的。替儿孙攒钱铺路，几乎所有的人都会这样去做，但是我们要知道，儿孙自有儿孙福，父母费尽心思铺设的并不一定是他们想要的。只有简简单单地生活，用心感受到的快乐，才是真正地享受生活。何不放下一些执著，在淡定中找寻生活的快乐呢？

曾经有一位很有钱的富翁，他只用短短10多年的时间就赚到了自己一辈子都花不完的钱。他是镇子上最年轻的富翁，住着他们镇上最大的房子，开着最漂亮的车子，过着人人都羡慕的奢侈生活。但是，他却一直都不快乐，他怕自己的财产招人嫉妒，怕别人会悄悄偷走他的车子，怕别人会将他那美丽的草坪铲平……总之，他担心的事情实在太多了，所以他感觉不到快乐的存在，并且慢慢地因为这些担心而生了病。富翁觉得自己不能再这样下去了，于是他来到镇上的一个教堂里，向牧师说明自己的情况，他告诉牧师，自己因为担心已经生了病，他想生活得快乐一点。

于是牧师就给他讲了一个故事：很久以前有一个有钱人遇上了一个老乞丐，有钱人的脸上愁云密布，因为他担心自己会失去所有的钱财，在他看来，周围的人都是想要谋夺他的财产的强盗。而老乞丐虽然有了这顿没下顿，但是他却一直笑呵呵的，似乎他从来都不知道什么是忧愁。于是有钱人就问老乞丐："你衣不蔽体，食难果腹，为什么还那么开心呢？"乞丐没有回答，反过来问有钱人："那么你拥有那么多的财产，是众人羡慕的对象，为什么总是愁眉不展呢？"有钱人回答："我总觉得周围的人都要抢走我的财产，所以我忧心忡忡。"老乞丐却笑着告诉有钱人："因为你只用眼睛看生活，过生活，所以太多的顾虑会让你无法接受生活的赐予；而我，懂得用心享受生活，所以生活带给我的除了快乐就是开心。"有钱人却觉得老乞丐在说胡话，留下一声冷哼之后就走开了。谁知若干年之后，有钱人却忧虑成疾，就在他感觉自己快要死去的那一刻，忽然想起了老乞丐的话。顿时，他再也不为自己拥有那么多财产而担心了，他将所有的心思都放在了感受生活上，病也奇迹般地好了。再后来，他做了牧师，希望能遇上和他有一样经历的有钱人，替他们指点迷津。

听完牧师的故事，富翁就明白了自己不快乐的原因。于是他谢了牧师，就走了。后来，听说那个年轻的富翁变成了一个乐善好施的善人，并且他还时常去找牧师聊天，他的忧愁一扫而光，还听说他经常真诚地告诉人们一定要用心去感受生活，才能享受到生活……

故事不仅仅是故事，它还可以告诉我们很多东西。要想享受生活，就要了解生活，了解自己想要什么样的生活。生活有时候就像一位严肃的老人，他总是会莫名其妙地找一些困难教训人们一顿，面对困难，我们只有用心去感受生活，了解到它的所需所求，那么就可以在遇到困难的时候迎刃而解。生活大多数的时候对我们还是比较温和的，就像一个妈妈，给予我们的总是好的东西，并且，只要我们为之付出更多的关注，它就会加倍地回报我们以快乐。

生活需要我们放下一些东西，负重的心灵是很难享受到生活所带来的乐趣的。人生需要我们用心去对待，不要让太多的物质需求将我们牵绊，有时候简简单单也是一种幸福。摆脱了物欲的牵绊，在淡定中我们的生活会变得更美好。

掩卷私语

过量的负担只会让我们的心灵负重，成为寂寞的伴侣。生活需要我们用心去了解、享受自己的生活，摆脱物欲的牵绊，摆脱那些不该承担的重量，这样才能够让自己的心灵得到充分的释放，让我们的人生不寂寞。

6. 忙，也是一门学问

“忙”已经成了很多人的口头禅，给我们一种这样的感觉：生活给予人们的好像只有忙。但是，有些人虽然很忙，却依然能够在忙中找点悠闲出来享受自己的人生。

忙，也是一门学问。将这门课程修得好，不仅可以体会到忙碌带来的快乐，而且还能在百忙之中寻到悠闲，享受悠闲中的生活乐趣。如果不熟悉这门课程，那么我们就会被这个“忙”字弄得筋疲力尽，不仅生活处处充满不如意，甚至工作也会遇到意想不到的麻烦。一个快乐的，懂得生活的人，他们很清楚应该如何在这个“忙”上做学问。

有些人形容自己的生活时说：“我整天忙得像个陀螺一样，这种痛苦不知什么时候才是一个尽头。”而有些人却说：“我真地难以想象自己每天都会像钟表一般敬业，这种忙起来的感觉真的很不错。”懂得忙的人，他的一天有规律，做事的成效也很不错；不懂得忙的人，他们每天就像一个无头苍蝇一般，尽管飞到过很多地方，但是事情却被弄得一团糟。懂得忙的人，快乐会不招自来，不懂得忙的人，永远 找不到快乐的方向。

我们没必要因为自己的生活太过忙而抱怨，忙也是一种生活的方式。只有在忙中，我们才能够将自己的才华一一展现出来，才能按部就班地让自己的梦想一点点变成现实。忙可以给我们实现愿望的机会。所以说，忙并不一定是痛苦的承载体，相反地，它应该是好运的迎接者。

从忙中找到生活的真谛，如果我们愿意，我们也可以成为一个产生在繁忙之中的幸运儿，时时刻刻享受到生活带给我们的惊喜。

在众人的眼里，风琴是一个十分不幸的女人，因为一天到晚，人们总是看到她在忙碌着，甚至连坐下来和朋友喝个下午茶的机会都没有。但是风琴却觉得自己是一个被幸福和快乐包围的人，就是不断地忙碌，让她知道了自己的价值，感受到了生活中的快乐。

风琴有一个做杂工的丈夫，长相一般而且没有什么本事，一个月挣的钱还不够养活一家老小，但是他对风琴蛮不错。风琴没见过已经去世的公公，但是却有一个瘫痪了的婆婆，风琴嫁过去之后，一直将她照顾得很好。她还有一个活泼可爱的儿子，小家伙虽然十分调皮，但是有时候却很懂事。风琴在家附近的一家工厂上班，上班之前先送儿子到学校，再给婆婆换好衣服，煮好早餐。中午的时候，风琴还要回家一趟给婆婆做饭。下班之后她就去接儿子放学，随后做晚饭。晚上的时候，风琴还要洗婆婆一天换下来的脏衣服。虽然没有多余的时间去干点别的事情，整天忙得像个陀螺似的，但是风琴从来都是笑呵呵的，因为这样的生活她乐在其中。为了家人，她情愿这般忙个不停。当然，她也得到了家中所有成员的敬重。风琴曾经告诉自己的丈夫说："是忙，让我知道自己是这个家中必不可缺的一份子，让我知道，原来，繁忙的生活，也可以很快乐。"

繁忙的生活也可以很快乐，这是故事中的主人公对生活的一种见解。说实话，人们更多的都比较喜欢安逸的生活，如果能坐着就不会勉强自己站着，即使很快就可以完成的一件事情，他们也会拖到期限的最后一天完成。没有人喜欢将自己陷入忙碌中，更不用说是享受忙碌。但是，往往就是有这样一些人，他们从忙碌中得到的快乐与别人在安逸中得到的快乐比起来，丝毫不逊色，甚至有过之而无不及。

生活给予我们的虽然很多，但是有些东西只有通过努力才可以得到，忙可以让我们将生活中一些藏在暗处的东西挖掘出来。记得有句话说，饿死的永远都是懒人。我们想要得到快乐，得到成功，就要主动去争取，只有让自己处于繁忙中，才能比他人发现更多的东西。但是，忙，也讲究技巧，只有井然有序地忙，才能忙出质量，也才能达到目的。

杰来到一家企业仅仅半年的时间，就从一个基层的员工步步高升，成为该公司的中层管理者。杰的不断高升当然会引来众人的侧目，很多人认为杰在该公司一定有很硬的后台，对于公司这种任人唯亲的决策很不服气，于是联合找老总讨个说法。于是，杰不断升职的内幕也就在一次会议上揭开了。原来，杰之所以提升如此之快，并不是凭着什么关系，而一切在于杰自身的能力。原来杰很会“忙”，他的忙并不是不断地加班，而是一种井然有序的忙，正因为他深深懂得忙的艺术，所以才会在很短的时间内一再被提升。

我们没必要让自己时时陷入忙乱之中，但也不要一味地贪图享乐。生活忙点其实是很好的，至少忙可以让我们知道生活并不容易，让我们知道快乐和幸福的珍贵，让我们学会珍惜，知道感恩。所以说，要想探知生活的奥秘，忙其实是一种幸福。不要让贪图享乐成为我们心灵上的负担，阻挡我们追求自己的人生。放下一些东西，重新上路的时候我们会更轻松一些，也才能接纳更多的新东西。

掩卷私语

忙是一门学问，需要我们用不断地努力去探索。井然有序的忙，可以为我们的生活带来很多意想不到的乐趣；而手忙脚乱，只会让我们紧张的生活更加紊乱。所以，忙，是要讲求一定的艺术的，淡定中的忙，才值得我们珍惜。

第三章 诠释人生的使命
——承担可以让人成熟

每个人来到世上都有他自己所背负的使命，我们可以卸下身上的任何东西，却不应该卸下自己肩上所担负的责任。承担可以让一个人成熟，关注我们身边的人和事物，当别人遇到难事的时候伸出援助之手。关注身边的人和事物，自己应该承担的责任绝不推脱，不应该是自己承担的，也不要强揽在身上。告诉自己“我可以”，给自己一点自信，给自己的人生一点自信，那么我们的人生就会淡定很多，在舍得中，诠释出人生的使命，用承担让自己变得更成熟。

1. 关注身边的人和事

我们是社会中的人，任何时候都是不能脱离周围的一切而独立生存的。很多时候，我们要找的美景其实就在我们的身边，要想发现生活中的美好，那么我们首先就要学会关注自己身边的人和事。

“好高骛远”，这是很多人的通病。在生活中，我们总觉得别人的永远是最好的，而自己所拥有的永远是最差的那一个。殊不知，我们在羡慕他人的同时，也正在被他人羡慕。最容易被忽略的往往是最关心我们的那个人，最容易被轻视的往往是发生在自己身边的事情。或许这就是人性的弱点所在吧，正因为总是将目光放在别人所拥有的东西上，所以我们很难感觉到生活赐予我们的美好。

任何人不可能脱离周围的一切而独立生存，即使我们真的是一个很好的人，没有周围的人证明你的好，那么谁又能知道你的好呢？与其老是将自己的眼光放在远处，倒不如收回目光，先关注一下身边的人和事，说不定你低头的瞬间，就可以发现生活的美好，就可以得到自己梦寐以求的幸福。

生活需要我们懂得珍惜身边的一切，收回我们老是停驻在远处的目光，别人的东西再美好，那也是人家的，难不成我们还上去抢来不成？就算我们真的抢到了，到时候并不一定会觉得如想象中那般美好。在任何时候我们都要学会面对现实，关注身边的人和事，不要等停驻在身边的幸福离我们远去，那时候再追悔莫及。要记住，在时光的旅程中，命运一般不会两次将同一种幸福降在一个人的身上。

很久以前有一个农夫，他有一个勤劳而美丽的妻子，还有一个可爱调皮的孩子，他们一家三口靠种地为生，日子过得颇为滋润。按理说这个农夫能有这样的好日子，应该觉得满足，但是他自打上一次进城见了那个坐轿子、奴仆成群的财主之后，就开始坐卧不安。他羡慕财主的生活，那种被人前呼后拥的大场面让他一辈子也忘不掉，农夫猜想，财主的家中一定是娇妻美妾成群，人活一世，就应该有这样的享受，才不枉来人间一趟。

妻子看到丈夫进城一趟就变得闷闷不乐，甚至连干活都提不起精神，于是就问他到底怎么回事。农夫看着自己的妻子，第一次觉得妻子显得很俗气，身上穿着粗布裙子，很难看出身体的曲线，头发只是用一支木钗随便挽着，连财主的丫鬟都比不上，更不用说是他的妻子和小妾了。农夫整天长吁短叹，恨老天对他不公。

就在一天晚上，他正在暗自叹气的时候，出现了一个白胡子老人，对他说："我知道你为何这般不开心，你是羡慕城中财主的生活吧！"农夫赶紧点了点头。老人又说："我可以达成你的愿望，但是到时候你千万别后悔。"农夫连连向老人保证自己不会后悔。白胡子老人叹了口气，随即白光闪过，农夫已然成为一个腰缠万贯的财主。他有成群的妻妾，有10多个儿子，出门更是丫鬟、仆人成群跟随。这样的大排场让农夫很感到满足。但是没过多久，他就发现做财主并不容易。虽然有很多妻妾，但是是非矛盾不断；儿子们眼见财主一日日老去，为了争夺家产，一个个之间势同水火……农夫开始怀念自己的妻子，开始想念自己可爱的孩子，他越来越想回到以前的生活中去了，但是不管他怎么祈求，那个白胡子老人再没有出现过。终于，农夫不堪忍受妻妾和儿子们的争斗，抑郁死去……

故事中的农夫因为贪慕荣华富贵，放弃了身边的幸福，但是当他得到梦寐以求的荣华富贵的时候，却发现穿金戴银的富贵日子还没有自己种地来得自在快活，而最后他在悔恨中死去。荣华富贵就好像是别人所拥有的一切，看上去美丽诱人，但是并不一定适合我们。只有自己身边的幸福才是最真实、最值得珍惜的。

如果发现自己已经开始忽略自己身边的一切的时候，那么就赶紧停下来，仔细地看一看，我们就会发现：看到我们之后，最开心、忙得最欢的人，一定是自己最爱的父母；欣喜中稍稍带点哀怨的，就是那个我们发誓要守护一生的爱人；欣喜若狂，嚷嚷声最大的，肯定是我们的儿女。我们遇到什么开心的事情的时候，有朋友一起庆祝；遇到伤心的事情的时候，有爱人甜蜜的安慰……只要用心去看，就会发现有很多的幸福环绕在我们的身边，那么，我们还有必要去羡慕别人的幸福吗？真的有必要为了得到别人的所谓幸福而放弃自己身边的一切吗?

有一个女孩子，看到自己的恋人盯着一位好友的女朋友的时候，她对自己的恋人说了这样一句话：“别人的再好，那也是别人的，就算你抢来，也不一定适合你。我劝你，还是多放点心思关注一下身边的人吧!”虽然女孩子说这话的用意是让自己的男友珍惜自己，不要三心二意，但是在我们的生活中也应该这样做，不要老是惦记着他人的东西，珍惜眼前，关注身边才是最重要的。

学会生活，不要忘记告诉自己珍惜身边的一切人和事。我们可以观赏他人的幸福，但是千万不要去羡慕甚至产生据为己有的心思。每个人对幸福生活的定义是不同的，要知道，我们现在拥有的才是最适合自己的。别人的幸福看上去很美好，但并不一定适合我们。人生中需要一份淡定，生活需要我们学会发现，关注身边的人和事，珍惜身边的每一份幸福，只有这样才可以让我们的生活更加美好。

掩卷私语

生活可以给予我们很多幸福，但是我们能否将这些幸福接在手中，就看我们懂不懂得珍惜身边的一切了。其实，幸福就好像是生活跟我们玩的一个恶作剧，它往往就在离我们最近，但是我们最容易忽略的地方。只要关注身边的人和事，我们就可以将幸福抓在手中。

2. 勇于承担，你会得到更多

许多人会将承担责任和接受惩罚看作是孪生兄弟，认为承担责任就是接受惩罚。但是我们一定要知道，生活中存在很多的可能性。有时候，承担的不一定是责任，更多的时候勇于承担可以为一个人带来好运，让他变得成熟。

生活中每个人都难免会犯错，错了就要敢于承担一定的责任。比如我们小时候不小心打碎了家中的碗碟，害怕遭到父母的呵斥所以不敢承担，不是说自己不知道，就是将责任推到他人的身上，结果一旦遇上事情，就养成了说谎话和推卸责任的坏习惯。如果我们当下就承认是自己不小心打碎的，或许会换来父母的一顿责骂，也或许会因为敢于承担而得到他们的表扬。所以说，有时候承担的并不一定是责任，承担的后果也未必是坏的，也有可能是表扬或者其他的东西。

生活要求我们敢于承担，但是隐藏在承担后面的东西往往是我们难以预料的。或许是一顿臭骂，或许是一个表扬，或许是一个升迁的机会，又或许是一份对爱情的承诺……总之，我们想要知道那个背后的答案，就只有先将一切都承担起来。都说，承担可以让一个人变得成熟，不管是生活中还是工作中，我们都需要一份承担来获得更多的东西。

生活不会将快乐和幸福送给喜欢推卸责任的人，越是害怕承担的人，生活就会将越多的重量放在他的身上。我们始终要相信，我们是带着使命来到这个世界上的，命运之所以让我们花一生的时间来体验生活，生活就一定需要我们去面对，值得我们去探究。面对自己该担负的一切，就勇敢地承担起来，不要将生活的赐予看作是一份责任，那么面对生活的时候，我们的心灵就会轻松一些，而我们踩在人生之路上的脚步会更轻快一点。

王敏因为家中穷困，所以在 15 岁的时候就去一个遥远的繁华城市打工。她因为没有什么文化，就只好给有钱人家做保姆，照顾孩子或者卧病在床的老人，借此挣点钱贴补家用。

有一次王敏照顾的对象是一位患了老年痴呆症的老爷爷，老人已经卧床一年多了，老伴过世得早，儿女们一天到晚都在忙自己的事业，根本就没有多余的时间陪老人，更甭说是照顾老人了。于是儿女就雇了王敏做老人的保姆，让她照顾老人的衣食起居。因为主家所给的薪水颇丰，王敏照顾起老人来自是百般用心，老人的儿女对王敏很是满意。

王敏从来没有将老人当做弱智的人看待，她每天一有时间就陪老人说话聊天，给老人讲自己的所见所闻，也讲讲家乡的亲人，老人只是安静地听着，因为老人很久之前就丧失了讲话的能力。就这样，一老一少，一个讲一个听，慢慢地奇迹出现了，老人竟然开始会说单个的字。老人的儿女很高兴，将王敏的薪水一加再加。

在王敏的照顾下，老人的病情逐渐好转。那天老人告诉王敏，说今天是他和妻子的结婚纪念日，他想去妻子的墓前看看。起先王敏死活不同意，后来经不住老人哀怨的目光，于是就私自带他去了墓地。老人的儿女们发现父亲和保姆不见了，问家中的仆人，都说王敏带着老人一大早就出去了。打王敏的电话，却发现无法接通。一瞬间，众人都觉得自己被王敏骗了，王敏肯定是产生了贪念，所以绑架了他们的父亲。老人那么听王敏的话，王敏让他干什么他肯定都干。就在老人的儿女们一筹莫展的时候，王敏推着老人，乐呵呵地回来了。老人已经在轮椅上睡着了，脸上还挂着微笑。

安置好老人之后，众人不分青红皂白，先是将王敏责备一番。王敏哪见过这种阵势，于是吓得哭起来，但是她告诉众人，今天自己要是做错了，她一定会承认错误。但是她觉得自己并没有错，他们做儿女的根本不知道自己父亲的心思，作为一个保姆，让自己照顾的对象开心是义不容辞的事情。众人见王敏这样说都有点不好意思了，确实是他们疏忽自己的父亲已经太久了。于是老大带头像王敏道歉。王敏一直照顾老人直到他去世。在这3年中，老人的儿女们都将王敏当做自家人看待。老人去世后，他们认王敏为最小的妹妹，并出钱让王敏接受了高等教育。

故事中的王敏无疑是幸运的，但是我们也能看到，她受好运的眷顾是应该的。首先作为保姆，她不仅仅将照顾老人当作一件应尽的责任来完成，更注入了自己的爱心，将老人当作自己的亲人来照顾、理解。面对老人儿女的责问，她完全可以将责任推在老人的头上，毕竟作为一个保姆，听主人的话总是没错的。但是她没有，她承认自己擅自带老人出去不对，但是她那样做，是为了老人好。她承担起了自己应该担负的一切，但是她承担起的又不仅仅是责任，还有一个美好的未来，一群关心并帮助自己的人。

人一生的使命就在于承担，但是承担起的是什么，每个人都是不一样的。不要害怕承担，虽然有时候承担起来有点重，甚至让人难以呼吸，但是我们应该想到，很多时候，承担和得到是等同的。承担起来的也不一定是责任，还会有更多的东西。

一个人的人生可以很轻松，也可以很沉重。能不能找到生活中的宝藏，打开人生的大门，获得快乐和幸福，那就看我们手中拥有一把什么样的钥匙。要是将人生当作一种不可推卸的责任去承担，那么你的钥匙只可以打开痛苦和忧愁的大门。如果懂得承担，并不将人生当作一种责任，那么这把钥匙就是我们需要的可以打开人生大门的钥匙。诠释我们人生的使命，只有淡定中的承担才可以使我们的生活变得充实而美丽。

掩卷私语

人生并不是一种必须承担的责任，生活中，承担的对象不仅仅只有责任，还有更多的东西。用心生活，用承担让自己变得更加成熟。在淡定中诠释我们人生的使命，不管是你、是我，还是他，都可以在生活中找寻到自己想要的。

3. 好心情可以带来好运气

好的心情可以为一个人带来好的运气。每天给自己一个好心情，告诉自己，我就是那个始终受到好运眷顾的幸运儿，那么我们的生活就会多一点甜蜜，少很多烦恼。

我们知道，自己心情好的话，做什么事都特别快，特别有劲，一天的工作效率更是比往常要高出很多。心情好的时候，看什么都是美好的，甚至见到自己讨厌的人，都会不自觉地和他搭搭话。没办法，心情好嘛！一个好的心情，它的魅力不仅仅在于让我们提高做事效率，变得心胸开阔，更多的时候，让我们可以注意到很多美好的东西，得到好运的眷顾，成为一个名副其实的“幸运儿”。

好心情，可以在嬉笑玩闹中让苦难消失无踪，可以很轻松地搞定生活以及工作中遭遇的任何难题。一个好心情，对别人来说是慷慨的赠与，对自己来说则是积福的过程。面对生活捉弄的时候，我们可以哭可以闹，就是不可以放弃自己的好心情。只要拥有一个好心情，即使哭过闹过，还是可以看到美丽的彩虹。

一个拥有好心情的人，他面对人生时的态度是乐观向上的，面对同一件事情，他看到的就会是积极的一面。拥有一个好心情的人，他可以看到人生中的希望，即使是处于最恶劣的境况下，也会坦然地面对一切，然后找出办法，让自己脱离困境。好的心情，可以让我们的生活越变越好；而一个糟糕的心情，只会让我们的生活笼罩在阴雨连绵中。

话说很久以前有兄弟两个，大的叫富贵，小的叫来财，他们的父亲为了考验他们各自的能耐，于是分别给两个人几匹布，让他们各自出去赚点钱回来。两兄弟拿到布后，欣喜异常，终于有本钱创一番事业了。兄弟俩驾着车载着各自的布匹来到一个繁华的小镇上。他们先找了一家客店住下，谁知当天晚上就下起了瓢泼大雨，兄弟俩赶紧将布匹搬进房中。这老天就像专门和他们作对一样，雨一下就是一个多月，他们身上带的钱财也不多了，布匹因为潮湿，竟然长了霉点。

天终于放晴了，老大富贵看着斑斑点点的布匹，只是一味地叹气，谁还会要这种发了霉的布啊？而弟弟来财却不慌不忙，只是将布搬出来晒晒，早上哼着小曲出门，很晚进门的时候也是哼着小曲的。富贵可就奇怪了，就问来财，布都发霉了，为何还那般高兴？来财笑呵呵地告诉自己的兄长："每天一个好心情，好运也会眷顾你！"他安慰自己的兄长不要着急，只要安心将布晒晒，过些日子就一定能卖个好价钱。富贵却不这样认为，他想来财一定是受刺激太大，所以变傻了。一堆发霉的布加上一个傻弟弟，富贵觉得自己真是倒霉透顶了。

就这样，在来财的乐呵呵，富贵一声接一声的叹息中，一个月就过去了。一天，来财喊富贵赶紧将布拿出去卖，说是有一位大商家正在高价收购各种布匹，材质不限，只要结实就行。富贵知道虽然他们的布有霉点，看起来不怎么好，但是绝对结实。于是就将他和来财的布匹统统搬出去，那商人一看立马就出价全部买下了。除去住店的费用以及布匹的成本费，富贵发现他们赚了很大的一笔。他猛然想起来财前段日子所说的话，难道来财早就料到这个商人会来？

回家的路上，富贵问来财怎么知道商人高价收购布匹的事情的。来财告诉自己的哥哥，说是在下雨的那段日子，看着布匹全部发霉，他自己也着急。但是着急没用，于是他告诉自己，只要有一个好心情，就会受到福神的眷顾。有一天，在他出去查看布匹行情的时候，听人说那场大雨将一个地方全淹了，那里的百姓失去了家。国家为了救灾，正在高价收购布匹棉花等东西……所以他才劝富贵不要着急。富贵想，原来有好心情的人真的可以受到福神的眷顾啊！

好心情可以受到福神的眷顾，带来好的运气。这就是告诉我们应该积极地面对生活。人的一生都顺风顺水是根本不可能的事情，但是我们不难发现，有的人即使遇上很糟糕的情况，也是笑呵呵的，似乎对他来说，根本就没有什么事情值得让他不开心。他永远都有一个好心情，甚至让人感觉，即使天塌下来，他也会将其当作被子盖在身上一样。其实，每个人的人生境遇是大同小异的，哀哀切切可以过一生，开开心心也可以过一生，一个人一生是快乐多于哀伤，还是哀伤胜过快乐，其实都在于他能不能给自己一个好心情。

有一个好的心情，会发现连花儿都在对我们微笑。人生如此美好，有青山绿水，蓝天白云，我们吃得饱，穿得暖，还有一份不错的工作，甚至更多的东西，为什么还要不开心呢？只要我们愿意，给自己一个好心情，那么老天也会帮着我们。人生需要我们开心地对待，多一点微笑，就会多一个朋友。多给自己几个好心情，那么烦恼也会远离我们。

人生就好像是做选择题，所选的答案无非有两个，一个是开心，另一个是不开心。开心的生活充满意义，不开心的生活只会让人窒息。天底下最让人难以抗拒的就是带着微笑的请求，而拥有一个好心情的人，他可以让微笑在自己的脸上完美地绽放。那么他的请求，命运自然会乐呵呵地答应。这就是好心情的人对待生活的态度，淡定中给自己一个好心情，让寂寞和忧愁成为好运的手下败将。

掩卷私语

每天拥有一个好心情，连微风都会成为替我们传递幸福的使者。好心情的背后是积极的自我调整，是一种敞开心扉、勇于接纳的处世态度。对自己的人生微笑，拥有一个好心情，好运就会成为我们形影不离的好朋友。

4. 找到自己人品的爆发点

"RP"也就是"人品"，它是现今一个很流行的词语。在更多的时候，人们宁愿相信自己顺利完成一件事是因为人品好，而不是因为好运的眷顾。由此可以看出，在生活中，找到自己人品的爆发点就是一件至关重要的事情了。

或许会有人问：人品是什么？查字典的时候就可以发现，"人品"就是代表一个人的品质。现如今，"人品"这个一直存在却容易被人忽略的词语却狠狠地时髦了一把。我们时常可以听到，如果一个人把什么事情办砸了，他的同事或者朋友会朝着他扔出一句："人品问题……"一句话就四个字，感觉有点没说完，但是剩下的就只能自己理解了。但是如果有人将一件事情顺利完成，他也会朝自己的朋友砸上一句话："我人品好，没办法！"似乎一个人能否成功，真的和自己的人品有着莫大的关联。

不管怎么样，人品的提高还是很重要的，很多时候我们情愿相信是自己人品让我们度过了困难，而不是什么所谓的福神的眷顾。因为这个世界上需要福神眷顾的人太多了，他一个人根本忙不过来。生活告诉我们的就是：任何时候，人品好才是王道。

有一个叫做青蓝的年轻人，他生活在一个淳朴的小山村里，因为他生性老实，喜欢帮助别人，村人都觉得他有点傻，于是都喊他“憨疙瘩”。青蓝从小就死了爹娘，一直靠打柴为生，眼看都二十好几的人了，但是村里的姑娘都嫌他憨，所以没有人愿意嫁他。

有一天青蓝上山打柴的时候，遇到一个摔断腿的老婆婆，他二话不说，就将老婆婆背回了自己家中，还请来大夫为她瞧伤。邻居看他背回一个上了年纪的老婆婆，就笑他：“别人都背来年轻漂亮的媳妇，你倒好，背回来一个老娘养着，真是个憨疙瘩！”青蓝却不认为自己憨，他得知老婆婆孤苦伶仃一个人，于是就将她认做自己的干娘，将她侍奉得很是周到。老婆婆看到青蓝年纪已经不小，就问他为何还没有娶亲。青蓝笑着告诉老婆婆，说是村里的姑娘嫌自己傻，所以都不愿意嫁给他。老婆婆却说，是那些姑娘没福气，等过些日子，干娘给你找个好媳妇。青蓝认为是干娘在安慰自己，于是就笑笑没当一回事。

谁知一个月之后，老婆婆真的给青蓝找了个媳妇，村里的姑娘没有一个比得上她那般漂亮。村里的人说“憨疙瘩”是捡了宝了，青蓝自己也乐得合不拢嘴。那姑娘不仅勤劳能干，对老婆婆也是孝顺有加，对青蓝也是很好。转眼，已经10多个年头过去了，村里的人发现，老婆婆和那姑娘还是原来的模样，青蓝也没有什么大的改变，似乎他们的年龄都停驻在10多年前的时候。再后来，村里人发现，青蓝一家在一夜之间全不见了，甚至连他们家养的牲畜也不见了，有人说他们成仙了，也有人说，他们搬去了其他地方。总之，青蓝成了这个村里最有福气，最具传奇性的“憨疙瘩”。

这个故事让我们不难看出，人品的好坏对于一个人是很重要的，似乎人品好的人就会受到好运的特别眷顾，就像是故事中的“憨疙瘩”。因为他心地善良，所以被村人称为“傻子”，但是我们不难看出，他的品质还是很好的。也正因为他的善良，他的好人品，才得到了一个很不寻常的干娘，得到了一个漂亮能干的媳妇。由此看来，我们的生活确实需要人品的存在。那么，我们如何才能找到自己人品的爆发点，成为生活中的成功者呢?

(1) 正视自己的缺点并将其改正

“人非圣贤，孰能无过”，每个人或多或少都会存在一些缺点。存在缺点并没有什么，最忌讳的就是不愿正视自己的缺点。要想找到自己人品的爆发点，首先就要学会正视自己的缺点，将自己身上的缺点一一找寻出来，然后将其改正。在我们改正自己缺点的过程中，就会逐渐将我们的人品积攒下来，攒得越多，爆发力就越大。

(2) 多给自己一些赞美

曾经有人发现，经常赞美自己的人，他们面对人生的乐观度要高于常人。这是因为赞美是一种自我肯定，通过自我赞美，无意中就为自己添加了自信。构成人品的成分应该包含自信，当自己觉得怯懦的时候，不妨告诉自己：“没有比我更聪明的人了”、“没有比我更会办事情的人了”、“没有比我更会讨老板喜欢的人了”……这一连串的自我赞美和陶醉，多少能够让自己在面对困难的时候勇敢点、自信点。能克服困难，人品自然算可以了。

(3) 多帮助他人

既然说人品也可借用，那么多帮助他人，说不定我们的人品就会受到他们人品的影响，得到一定的提升呢！即使得不到什么提升，相信还是可以积攒我们的人品的。更何况都说帮人就是帮助自己，我们多做点好事，还是可以赚到很多的人情的。万一哪天一不小心陷入困境，到时候也不至于求救无门啊！

找到自己人品的爆发点，无论如何，一个人一旦拥有了好的人品，他的一生都不会过得太差劲。真诚地面对自己，多为自己打打气，遇到需要援助的情况，不要吝啬自己的援手。人生一世，没必要计较那么多，该承担的时候就承担，帮助他人，多做好事其实就是在积攒自己的人品，淡定地面对一切，让人品成为王道，带着我们和寂寞挥手道别！

掩卷私语

做新世纪的人品达人，让好人品成为我们的一种品牌。生活中存在太多的变数，追求幸福的人更是数不胜数，与其用层出不穷的手段获得幸福，倒不如找到自己人品的爆发点，让自己的人品站出来说话，要相信：好人品才是王道。

5. 告诉自己“我可以”

告诉自己“我可以”，是一种自我肯定，是发自内心的一份自信。很多时候，我们面对生活都缺乏自信，一个缺乏自信的人是无法完全享受到生活中的乐趣的。必要的时候，为自己加加油，告诉自己“我可以”。

“我可以”是一种建立在完全了解自己能力的基础上的自我肯定，它是一个人面对一切的时候显示出来的一份淡定从容的气度。“我可以”是一句让关心自己的人相信自己，放下担心的保证，也是向对手表示接受挑战的意愿。

很多时候，我们会注意到，很多人在遇到困难或者面对他人的挑战的时候，会说“我试试”、“我尽力而为”，总之很少有人说“我可以”。“我可以”，是一句很肯定的话，自有一番睥睨天下的王者风范。很多时候，也是对敌人的一种鄙视，这种鄙视不是故意轻敌，而是知己知彼的一种淡然。生活中不缺少成功者，但是却缺少能够很肯定地说出“我可以”的成功者。

“我可以”是面对艰难困苦的临危不惧，是面对自己所承担的责任时的义不容辞。生活中存在着太多的未知数，面对人生的抉择，能够毫不犹豫地说出一句“我可以”，那是一种怎样的大无畏精神。在这种人的意识中，世界上就根本没有解决不了的事情，也没有克服不了的困难。

有一个员外的女儿被山中的盗贼看上，那盗贼扬言要是员外不交人，3 天之后就血洗山庄。员外当时就吓得不知所措，但是他女儿虽然养在深闺之中，却是个极有主见的人。她不甘心这一辈子就做了盗贼的老婆，于是她告诉自己的爹爹可以张贴榜文，重金聘请护院武师，等寻到一位武艺高强的侠客，那么山庄里的人就不用害怕盗贼了，而她自己也可以不用嫁盗贼为妻了。

员外听了女儿的提议，于是贴出榜文，重金聘请护院武师。重赏之下，必有勇夫，用了不到两天的时间，员外终于招到了 4 个武艺高强的人，其中一个人的武功比其他三人更是高出很多。员外很是满意，就将他们带回庄里，好酒好肉招待一番。然后说出了自己招聘他们的意图，那三人听说要和那个占山为王的盗贼拼命，顿时吓得面色发青，因为他们知道那个盗贼的能耐，他可不是三角猫的功夫就能够对付得了的，于是纷纷请辞。员外也不好强留，只能叹息着看着他们离去。他知道，遇上这种事情，没有人愿意轻易搭上性命。剩下的就是那个武功最为高强的人，他先是很镇定地吃完饭菜，然后对员外抛下一句话："我可以答应你！"随后就去休息了。

员外听了欣喜若狂，可是猛狮难敌群狼啊，他还是担心那个人打不过那群盗贼。战战兢兢地过了一夜，第三天的早上，那个人让员外将庄里的人都安置到别处，庄里只留下他、员外家几个强壮点的家丁和死活都不肯走的小姐。当成群结队的盗贼呼啸而来的时候，小姐忽然有些害怕，她问身边的那个人："你真的行吗？"谁知那个人狠狠瞪了小姐一眼，说："我可以。"就那一眼，就那一句话，让小姐在一瞬间下了个决定，如果躲过这次危难，她一定要嫁给这个人。

这个故事的结局是皆大欢喜，那位武功高强的武师不仅打退了盗贼，让贼头立下永不来犯的誓言，而且抱得美人归，成为员外的乘龙快婿。

故事是很熟悉的情景，也是很熟悉的结局，但是至少我们可以从中得知，一个自信而勇敢的人，命运也不会亏待他。给自己点信心，面对困难的时候，大声地说出"我可以"，即使有时候会摔得头破血流，也可能将事情弄得更糟，但是至少我们有那份勇气。在失败中接受教训，认真总结经验，那么，再一次遇到同样的事情的时候，就可以迎刃而解了。

"我可以"是一份勇气，面对生活的时候，我们需要鼓起勇气，才不至于成为生活捉弄的对象。"我可以"是一种成熟的表现，遇到事情的时候，不再因为所谓的害怕而退缩，敢于接受就是一个人逐渐成熟的标志。“我可以”是对自己人生的认可，不会因为遇上不如意的事情而去抱怨。成功的人懂得，抱怨并不能改变任何东西。“我可以”是面对困境时的坦然自若，将命运给予的种种磨难看作是一种恩赐，淡定地接受，坦然地面对。做到荣辱不惊，这才是人生的真谛。

我们时常会因为生活给出的“意外惊喜”而坐卧不安，甚至产生逃避的念头。工作的不顺利，感情的不顺心，都成为我们逃避现实的借口。面对考验的时候，我们甚至甘愿做一个缩头的乌龟，也不愿意承担失败的风险。是什么让我们在生活中变得如此怯懦？又是什么让我们宁愿接受抱怨也不愿意去承担责任？是什么让我们理所当然地安于现状？或许我们可以说，是生活给予的过多的疼痛让我们变得怯懦；是他人的嘲笑和棒打落水狗的冷漠让我们不敢承担失败的风险；是惨痛的经验教训让我们情愿沉迷在现状之中。总之，我们可以找一大堆的借口来搪塞自己，安慰自己。

可是，借口终究还是借口，生活需要我们诚实地去面对。为什么不告诉自己“我可以”呢？难道这句话就那么难以启齿？还是我们根本就被生活的重量压得失去了担负的勇气？其实我们可以抛弃一些不必要的东西，承担可以让我们变得成熟，“我可以”更是对人生使命的一种认可，一种基于淡定之上的阐述。

掩卷私语

生活就像是纸老虎，你弱它就强，你强它就弱。面对人生路上的艰难困苦，勇敢地告诉自己“我可以”。“我可以”是用一种坦然自若的人生态度，在云淡风轻中演绎出生活中的精彩。

6. 在“舍”和“得”中诠释人生的使命

“舍得”，也就是说有舍才有得。面对喧嚣的生活，很多时候我们只在乎自己究竟能得到什么，却忽略了自己应该舍弃什么。要想诠释人生的使命，那么就先要明白什么是“舍”，什么是“得”。

“我不舍得”，这是很多人面临抉择的时候要说的一句话。确实，很多时候人们只想得到更多的东西，却不喜欢放弃已经拥有的任何东西。殊不知，人的一生，本来就是一个不断地弯腰捡东西和随手扔东西的过程，你要是想将更新更先进的东西装进自己的口袋，那么就必须先将口袋中原来的东西扔出来。在“舍”和“得”中诠释人生的使命，只有在舍弃中，你才能够获得，才能够让自己跟上时代的潮流，才能够让自己有机会成为时代的弄潮儿。

当我们看到一件自己喜欢的东西的时候，总是会想尽办法将其弄到手中，这是人的天性。但是很多人却不想付出任何代价就获得。天下没有免费的午餐，你想得到一些东西，就必须舍弃一些东西。这是一种生活的潜规则，只有循着这条规则办事，我们才可以比较顺利地达到自己的目的，获得自己想要的东西。

不舍哪有得？毛毛虫要是舍不得自己的一身皮囊，哪有美丽炫目的蝴蝶产生？每一个成功的人士，他们何尝不是舍弃了一些东西，才能够站在人生的舞台上接受他人的掌声和鲜花？在生活中，我们只有舍弃一些东西，才能够让自己走得更远，看得更高。而不懂得舍弃的人，他所得的一切，最终只会变成一个沉重的负担压在他的身上，让他寸步难移。

一次战争过后，有一个农夫和一个商人，他们同时来到了大街上，看能不能获得一些财物。他们走啊走啊，先是发现了一大堆烧焦的羊毛，于是两个人就各分了一半背在身上。

在回家的途中，他们走着走着又发现了一些布匹。与烧焦的羊毛相比，布匹则显得更值钱一些。于是农夫将身上烧焦的羊毛全部扔掉，然后选了一些自己扛得动的比较好的布匹背上。商人心想："这个傻子，竟然将羊毛扔掉，难道不知道羊毛也可以卖一些钱的?"于是他将农夫丢下的羊毛和剩余的布匹统统捡起来背在了自己身上，重负使他气喘吁吁，但是一想到自己可以将东西卖很多的钱，心里多少就会有些安慰，于是他一直坚持着往回赶。

走了不久之后，他们又发现了一些银质的餐具。农夫把扛在肩上的布匹全部扔掉，捡了些较好的银器背上。而商人的贪心，让他失去了理智，将农夫扔掉的布匹重新捡了起来，在自己的脖子上挂上了一个装满银餐具的布袋子，远远看去就像一匹负重的老马。他们走着走着，忽然天降大雨，商人的羊毛和布匹被雨水淋湿了，挂在脖子上的布袋子也显得异常沉重，他艰难地行走在大雨中，最后因为不堪重负而摔倒在了泥泞之中；而农夫却趁着雨水带来的凉快跑回家了。

我们可以从以上的故事中得知，生活中其实存在着很多的机遇，很多的诱惑。我们可以有很多的机会实现自己的理想，但是我们毕竟分身乏术，本想一只手就将所有的机会抓住，结果却错过所有的机会。很多时候，得到就是一种失去，而失去也就是一种得到，舍得，舍得，有舍才有得，就像那个农夫一样，只有舍弃原先拥有的，才能得到之后更好的东西！只有勇于舍弃生活中的一些负担，才能够体会到生活中的乐趣。

生活就是这样，我们在坚持选择一样东西的同时，也就意味着选择舍弃了另一样东西。人们常常就是因为舍不得，才会在面临选择的时候变得异常痛苦，而生活也就顺理成章地成为了一种压在我们身心上的负担。有一句话说，翅膀上系着黄金的鸟儿是永远也飞不起来的，背负着过重的担子，只会使我们的生活不快乐，承受过多的压力，我们的心灵也会变得不健康。

“当断不断，反受其乱”，生活中的压力随处可见，如果我们选择将其扛在肩上，那么还没有扛几个，估计早就被压力压得爬不起来了。有的时候，我们应该懂得舍弃，只有懂得舍弃，才能走出人生中的迷宫，才能窥知人生的使命，冲破重重束缚，出现在生活的舞台上。生活原本是非常纯朴、简单的，人们所真正需要的东西并不多，我们要学会舍弃那些自己不特别需要，对人生益处不大的东西。人，正是因为不懂得舍弃，不能放下手中过多的东西，才会让各种各样的困难和挫折，犹如尘土一般落到我们的头上，进而积聚成不断增大的压力，压弯我们的身躯；正是因为不懂得舍弃，才让自己有了更多的纠结和痛苦，甚至有时候陷于深深的困境中无法自拔。

只有当我们懂得舍弃和得到的真谛，探知人生的使命的时候，我们才会豁然开朗，而人生也会向我们展现出另外一番截然不同的景致来。“当你握紧双手，里面什么也没有；当你打开双手，世界都在你手中”。舍弃一些应该舍弃的东西，生活中要想鱼和熊掌兼得，基本上是不可能发生的事情。要知道，在生活中，每一次的舍弃是为了下一次得到更好的回报。紧握双手，肯定是什么也得不到，那么，为什么不打开双手呢？至少打开双手之后，就可以看到希望。

“舍”与“得”两者相伴相生，在特定的时刻，面对特定的机缘，一念之间就可以知晓“舍得”的价值。人们只要活着，就会有许多的责任和欲望，要是把这些东西全部背在身上，就意味着受到了压力的影响；要是拿掉了，失去重量的人生又会变得轻飘而无意义。我们要学会舍弃，在舍得中诠释人生的使命，懂得舍得会让我们的人生多一份淡定，多一份意想不到的轻松。

掩卷私语

适当的负重可以让生活变得有价值，但是过多的愿望，过多的负重，就会让我们的心灵难以承受。学会舍弃，在“舍”“得”中诠释人生的使命，探寻生活的真谛。云淡风轻之处，至少我们的人生不会再寂寞。

第四章 发掘生命的意义
——平凡中寻找别样人生

许多人都在追求生命的意义，他们也为了寻求这个意义而奔波劳累。但是大多时候，我们只注意到生活的绚丽多姿，却忘记了在平凡中也可以发掘出生命的意义。平凡并不是平庸的代言词，我们可以用一生来追求淡定中的平凡，但是决不能放任自己平庸一辈子。奋斗，就像是一面神奇的镜子，可以让我们窥知生命的影子；只有在坚持中，用汗水不断浇灌，才可以让奇迹产生。我们需要给自己的未来一个梦，和诚信订立一个契约，珍惜现在，让每一天都变成最美好的今天。

1. 平凡的人生不平庸

“我可以做一个平凡的人，但是我不希望自己有一个平庸的人生。”估计这是每个人面对生活以及命运时候的心声吧！没有人喜欢在平庸中结束自己的一生。“平凡的人生不平庸”，在淡定中追求一份平凡的人生，体现出了人们面对生活的一种态度。

平凡的人生不平庸，甘于平凡是一种面对生活的成熟态度，是一种面对人生的淡定抉择。人的一生都是在不断地追寻和奋斗中前进的，我们追寻生活中的快乐，追寻自己命运的轨迹，追寻人生的真谛。在生活中面对困难的时候，努力让自己展现出坚毅和淡定；在日益激烈的竞争中，想方设法凸显个性和能力，让自己成为那个被好运眷顾的幸运儿。平凡，是对生命的一种追求、一种诠释和一种尊崇。我们应该始终相信，非凡的人生往往是在平凡中孕育而成的。

几乎每个人都在期待并追求着异于他人的精彩人生，但是，命运又注定许多人必须甘于平凡。平凡对于个人来说是一种历练，日复一日，繁杂而又单调的生活终究会磨光我们身上的棱角，让我们对生活的热情逐渐消退，直到有一天，才忽然发现非凡的人生早已不再是我们的一种追求了。面对物质和权力的诱惑，我们虽然无法奢求自己做到无欲无求，但是至少我们可以去追求一种平凡而不平庸的生活。“竹可碎而不可毁其节”，这是甘于平凡人生的一种意境；“泰山不让土壤，故能成其大”，这是升华平凡人生的一种旷达，只有在平凡的淡定中，我们才能演绎出我们不平庸的人生。

平凡的人，他们面对人生的时候，不会以飞扬跋扈的言辞去评论生活，也不会以遮天蔽日的野心来玩弄生活。他们更注重生活的品质，他们会以海一般的胸怀去面对周围的一切，他们会以无限的宽容和耐心整理生活。他们知晓何谓淡定，何谓人生的真谛，不会执著于命运的安排，也不会故意去迎合命运。他们只是让一切顺其自然，以淡定的态度去对待一切。

杰克曾经是他们镇子里的一位警察，他机智勇敢，很受镇里人的爱戴。年轻的他，争强好胜，曾经发誓一定要拥有一个常人无法比得上的非凡人生。所以他将大把的时间花在了工作上，甚至忽略了家中的妻子和刚出生不久的孩子。

有一次，他们接到一项任务，说是有一名杀人犯潜到了他们镇子附近，当地的警署接到上头的命令，让他们协助逮捕杀人犯归案。杰克想到自己实现非凡人生梦想的机会到来了，于是他特地要求加入逮捕凶犯的小组。那个杀人犯十分狡猾，他不仅三番四次逃脱了警察的追捕，而且还在镇子上又犯下了几桩杀人案。这天，经过警察的苦心布置，终于将杀人犯堵到了警署的大门前。双方正在僵持不下的时候，杰克的妻子却拎着饭盒出现了，于是她成了杀人犯手中的挟持对象。

原来，杰克的妻子看到丈夫已经3天都没回家了，有些担心他，就做了一些他喜欢吃的饭菜，然后开车送到警署去。快到警署的时候，她发现许多人都聚在警署大门口，于是她为了避开那些人，就下了车选择了杰克曾经告诉她的一条小道，打算由此进入警署。谁知就在小道的尽头，她成为了歹人的人质。

后来，虽然抓住了杀人犯，但是杰克的妻子还是受了伤。经过这次事件之后，杰克忽然觉得，自己太过执著于追求非凡的人生，反而忽略了平凡中人生的意义，过分的苛求，让自己的人生已经变得平庸。于是他辞去了在警署的工作，带着老婆和孩子回到了乡下的农场里。在那里，生活虽然有点忙乱，但是他却在忙碌中感觉到了快乐，在平凡中感觉到了生活的不平凡。

到底什么是平凡的生活呢？放弃自己的工作，每时每刻都陪在家人的身边？这根本就不是真正意义上的平凡生活。就像故事中所说的，太过追求非凡，过于苛求，反而会使自己的生活变得平庸。真正平凡的生活，就是做好每天该做的事，让自己的家人开心。平凡的生活，很简单，我们无需特意去寻找激情，但可以让生活变得很有滋味；无需勉强自己去迎合任何人，但是大家相处的时候却很和谐……平凡的生活中没有勉强，只有轻松自在。

我们时常会看到一些人每天都是忙忙碌碌的，为了生计拼命地奔波着，但是他们的一生却没有什么作为，甚至连他们自己都不知道为何要活得那般累。这样的人生称它为平庸是不为过的，一生碌碌无为，到老剩下的只有无限的遗憾和叹息。人生需要我们甘于平凡，甘于平凡，才会把好高骛远的毛病从自己的身上赶走；才不至于让不断膨胀的欲望把我们吞噬；才会知道如何从安守本分中实现人生的理想。一个甘于平凡的人，他从来都不会做自己的"影子"，每日不断地去重复自己走过的道路；也不会做只会学舌的鹦鹉，盲目地将自己套进别人的模板之中生活，他们知道自己的目标，懂得如何去追求自己的人生。

人的一生若是想有所追求，首先必须与平凡结伴而行，甘于平凡，才能让我们躲开生活中各种各样的陷阱。只有读懂平凡与不平凡的人生涵义，在平凡的日子里耐得住寂寞，并为此而永不放弃的人，才可能在平凡中得到升华与超越，发掘出生命的意义，才有可能得到生活的馈赠，受到命运的眷顾，然后在云淡风轻中演绎出真实而不寂寞的人生。

掩卷私语

在生活中，一个锋芒太露的人会成为众人打压的对象，但是又没有人愿意庸庸碌碌地度过一生。要想自己的生活多一点快乐，使自己的人生不平庸，那么就让平凡成为我们生活中的主题曲，做一个平凡的人。甘于平凡，在平凡中发掘出生命的意义，然后必将得到命运的眷顾！

2. 生命的意义在于奋斗

每个人都有属于自己的梦想，世界上最美好的事情就是美梦成真，但是要想美梦变成事实，那就需要我们不断地去努力，去奋斗。因为只有在努力和奋斗中，我们才可以发掘出生命的意义。

生命的意义在于奋斗，鉴于奋斗的不容易，许多人更喜欢选择安逸的生活，他们认为人生只有短短数十载，要是不及时行乐，那如何对得起自己。但是过分耽于安逸和享乐，只会让一个人失去斗志，忘记自己的理想，而成为一个平庸无为的人。耽于享乐的人，只会遭到命运的打击，社会的淘汰；而一个勇于奋斗的人，就会受到命运的眷顾，成为生活中的成功者。

其实，还是有很多的人，都在为自己的人生和生活不断奋斗着。只要我们稍加注意，就可以看到，在这个社会中，形形色色的人们正在忙碌着：有每天都忙着挤公交的上班一族，有背着书包上学的学生族，有衣衫褴褛、居无定所的拾荒者，还有骑着三轮车停驻在马路两旁等活的车夫。虽然他们的身份各不相同，但是他们都在为自己的生活努力着，不断奋斗着，企图用自己的双手支撑起自己的生命，体现着自己生命的不同意义。

生命的意义在于奋斗，不管命运和我们开什么样的玩笑，只要我们有心，我们就可以用自己的双手努力去改变生活的模样，改变命运的安排。而且我们只有通过坚持不懈地奋斗，才可以用自己的双手支撑起我们的生活，只有通过奋斗，我们才可以活出自己的价值。

或许刚开始我们会因为没有什么能力，没有经验，或者不熟悉周围的环境，而受到他人的讥嘲。其实这样并没有什么，我们只要能够在他人的讥嘲中意识到自身的不足，努力改善，那么终有一日我们会得到自己想要的生活，让自己美好的梦想变为现实。

沃尔特·克朗凯特是美国著名的电视新闻节目主持人，他从孩提时代就开始对新闻感兴趣。当时没有人相信他会有所成就，因为要想成为一个报社的记者或者新闻编辑并不难，但是要想成为有名的新闻节目主持人却很难。沃尔特·克朗凯特并不这样认为，他始终将成为新闻节目主持人当做自己的人生目标，不断努力着，奋斗着。

为了圆自己的梦想，他不断奋斗，在14岁的时候，成功成为了学校自办报纸《校园新闻》的小记者。他认为这是他接触新闻事业的第一步。有一次，他接到一项任务，是去采访一位老先生。但是这位老先生，脾气是出了名的怪，克朗凯特找了他好多次，都吃了闭门羹。许多同学劝克朗凯特放弃，谁知克朗凯特却和那个老先生拗上了。终于在克朗凯特的不断努力下，老先生接受了他的采访。克朗凯特认为，既然确定了自己的目标，就应该努力去奋斗，在奋斗面前，一切的困难阻碍都将消失。

就这样，沃尔特·克朗凯特秉着不断奋斗、不断超越自己的信念，在美国的新闻界纵横了70多年，也获得了巨大的成功，自然也圆了他孩提时候的梦想。从沃尔特·克朗凯特成功的一生中我们不难看出，他的成功除了自己拥有超强的能力外，还在于他对于自己人生目标的不断奋斗。也正是因为他知晓生命的意义在于奋斗，所以才会如此成功。

美好的生活，幸福的生命是靠自己的奋斗得到的。幸福不是在花前月下的吟诗弹奏，也不是置身于物欲之中享尽富贵，而是在暴风雨中的拼搏和奋斗。能否拥有幸福快乐的生活，关键就在于我们肯不肯为之去奋斗，奋斗更是体现生命意义的一把标尺。

人，最宝贵的是生命，因为生命对于每个人来说只有一次。这仅有的一次生命我们应当怎样度过呢？人生之路并不是处处都铺满玫瑰花的，命运也不会将美好和快乐一直交付某一个人，我们必须每天都不断奋斗，才能走出自己的人生坦途。

人从呱呱坠地到逐渐衰老，时刻都处于不断奋斗的状态中。我们所熟知的每一位名人，他们之所以事业如此成功，都是和奋斗脱不开关系的。甚至，即使是平凡的生活，也只能从奋斗中获得。没有奋斗的人生，就好像没有生命力的植物，一旦脱离了优裕的生活环境，那么就会变得弱不禁风，最后只能在不甘和无望中消逝。

苏出生在一个比较贫苦的家庭，她做梦都想过安逸享乐的生活。她知道姣好的容貌是自己获得美好生活的最大王牌，于是在大学期间，她就开始积极游走在各种娱乐场所，希望能找到一个多金的男子，在毕业之后就结婚。只要找到一个有钱的老公，她就可以少奋斗很多年，甚至不用奋斗，就可以安逸地过完一生。

但是有句话说"自古红颜多薄命"，苏凭着自己漂亮的外表，确实受到了很多男子的青睐，但是她理想中的白马王子们都不喜欢娶一个不懂得为生活奋斗的女人为妻；而她只有做别人的情人才能过上自己想象中的安逸生活。就这样，苏一直徘徊在理想和现实的夹缝之中。终于在一个晚上，因为找不到谈婚论嫁的合适人选，酒醉之后，她从自己居住的七楼的阳台上跳了下来。

人的生命何其脆弱，没有了奋斗的生命更是不堪一击。有时候现实确实很残酷，与我们的理想存在很大的差别，但是现实和理想是可以达到同一水平的，只要我们肯奋斗，那么现实就会逐渐变得和理想相似。奋斗可以让我们实现自己的理想，发掘生命的意义，过上快乐的生活。

实现我们的抱负，在奋斗中充分发挥我们的才能，日积月累，聚小成大，只要我们时时保持一颗奋斗的心，不屈服于命运的安排，那么，我们就可以掌控自己的人生。生活一天，奋斗一天，只有不断奋斗，才能体现出人生的价值，才能发掘出人生的意义。生活可以很平淡，也可以很简单，当然更可以很快乐，只要我们勇于奋斗。即使云淡风轻，我们也能在平凡中体会到别样的精彩。

掩卷私语

人生的意义在于奋斗，生活一秒钟，一分钟，我们就应该奋斗一秒钟，一分钟。美好的生活，一帆风顺的人生，它们是不会乖乖出现在我们面前的，我们想要什么样的人生，想拥有什么样的生活，就必须自己去奋斗！

3. 坚持可以产生奇迹

累了的时候，感觉自己快要崩溃的时候，不妨告诉自己再坚持一下，因为坚持可以让奇迹产生。人生的变数实在是多不胜数，我们不可能一直让自己活在不断地放弃之中，必要的舍弃是可以的，但是需要坚持下去的时候，就应该咬紧牙关。

坚持可以产生奇迹，人生存在太多的变数，也会出现许多的不可思议，我们在学会舍弃的同时，也要知晓坚持的意义。一定的时候，坚持自己的想法或者自己的行为，可以让他人知道我们的想法和意图，这样有助于我们个人的发展，甚至会影响我们的一生。

有一天，苏格拉底对着他的学生说：“今天我们只学一件最简单，也是最容易的事，每个人把手臂尽量往前伸，然后再用力往后甩。”这位有名的希腊大哲学家为众人亲自示范了一遍，然后对他们说：“好了！就这样，从今天开始，每人每天做 300 下，大家都可以做到吗?”学生们都认为那只是举手之劳，有什么做不到呢？于是不约而同地点点头。

一个月过去了，苏格拉底问他的学生："原先我要求每人每天甩手300下，有哪些人做到了？请举手。"结果有90%的同学都很骄傲地举起了手，同时还带着胜利者的欢呼。又过了一个月之后，苏格拉底又拿同样的问题问自己的学生，结果坚持下来的学生只剩下80%。一年后，苏格拉底再一次问大家："请你们告诉我，一年前请大家每天做甩手的运动，有多少人坚持到此刻呢?"有的同学几乎忘了这件事，有的人也默默地低下了头，觉得有些羞愧。但在此时，却有一个人举起了手，这位同学就是希腊另外一位知名的哲学家——柏拉图。正是因为柏拉图知道坚持的力量，所以才可以继苏格拉底之后，成为希腊历史上另一位名满当时的哲学家。

为自己的人生设立一个梦想，其实是一件很简单的事情，任何人都能做到。我们也很容易因为短暂的激情而对生活充满期待和信心，并且为之奋斗努力。但是随着时光的消逝，生活终有一天会归于平静，日常繁忙的工作逐渐将我们曾经的那种坚持和追求驱散，而生活也逐渐因为习惯而归于平庸。很多时候，我们缺的是一股意志力，一种坚持，只有透过意志力来激发我们行动的勇气，用坚持来改变一切，生活才会循着我们的设想而顺利发展。

坚持不是为了3分钟的热情而突发的举动，它需要我们长时间地重复一些事情，尽量把一些有益于自己人生的念头与行为，变成一种优质的习惯。在自己懈怠或者失去信心的时候，告诫并鼓励自己再坚持一会儿，哪怕是一分钟，甚至几秒钟也好。因为时机就像是彗星的尾巴，它出现的时间只在一瞬间，只有坚持不懈地守候，才可以看到它的出现。

有时候要做到坚持确实很难，但是有句话却说：努力过了就不会后悔。无论结果是什么样的，至少我们已经尽力尝试了，该坚持的坚持了，该努力的努力了，这样我们的人生也就会少许多的遗憾。其实，要做到坚持是有诀窍的，我们可以看看以下的几个小窍门。

（1）自我催眠，尽量将时间压缩

坚持是一件十分挑战个人耐心的工作，对于性情急躁的人来说，让他坚持无异于自杀。但是，没有一蹴而就的成功，我们想要自己的人生有所改变，生活有所提高，就必须耐心地去对待一切。坚持的时间总是漫长而难熬的，当我们觉得自己实在坚持不下去了，那就进行自我催眠，在心理上将坚持的时间压缩。告诉自己时间只过去了一点点，将漫长的时间想象成一瞬间或者几分钟，这样在坚持的时候就不会觉得很辛苦。

（2）自我鼓励，明确坚持的目的

坚持就是胜利，坚持就是力量，这样的话几乎我们每个人都知道，但是很少有人会真正依靠坚持去获得胜利和力量。这也正应了一句老话：说来容易做来难。这个世界上梦想着成功的人很多很多，但是真正成功的却没有几个。当我们觉得自己开始懈怠，厌倦忙碌，无法感受到生活的赠予的时候，就证明我们已经丧失了人生的明确目标，放弃为自己的梦想而坚持了。这时候，不妨自我鼓励一番，主动去想想坚持下去的美好景象。那么，人生也就不会让我们感到很累，而为生活或者其他的原因选择坚持也就不会难以实现了。

（3）将坚持看作人生的一项考验

面对坚持最积极向上的态度就是将其当做人生的一项考验。人自打来到这个世界上，就注定要经受各种各样的考验。先是为认识这个世界去学很多的知识，随后为了生存而奔波劳累，就算有了丰富的知识，优裕的生活，最后还得为一些其他的事情而劳心。既然人的一生中存在这么多的考验，那么加上坚持这一项也没有什么，充其量也就是九牛一毛。将坚持看作一种考验，不仅可以磨炼我们的身心，而且有助于我们性格的养成，说不定还会产生意想不到的奇迹呢！

纵观许多名人成功的事迹，他们之所以如此成功，哪一个不是经过长期地奋斗，在坚持不懈中实现自己的人生价值的呢？坚持并不是什么惊天动地的行为，相反，它只有在沉寂之中、平淡之中才可以孕育而出。坚持是淡定的伙伴，只有在平凡生活中不断坚持下去，才能造就非凡的人生，产生奇迹。

掩卷私语

坚持并不是一件很容易的事情，但也不是很难。坚持重在心境，一颗躁动而烦闷的心，是永远也无法将坚持演绎出来的；而只有淡定、坦然的心灵，才可以让坚持发挥它的神奇力量，将奇迹带到人们的面前。

4. 和诚信订一个契约

有人说诚信是立人之本，处世之道。不管如何，诚信对我们的人生还是有很大的影响的，和诚信订立一个契约，做一个诚实守信的人。这样，我们的人生之路就会越走越宽，越走越顺利。

诚信是人际关系中最为重要的一样东西。如果一个人讲信用、重诺言，待人真诚，那么他就是一个讲诚信的人，他也会因此而获得别人的信赖，不仅有助于他事业的成功，而且在生活中他也会活得轻松快乐。和诚信订立一个契约，做一个诚实守信的人，是我们获得美好生活的保证，当然，诚信也可以让我们知晓生命的意义到底是什么。

环顾四周，我们可以发现，欺骗和虚假存在于我们的生活之中：我们去集市上买菜的时候，有的卖家为了赚更多的钱，胡乱要价，缺斤短两；我们去买衣服，店主喊出的价格可能是成本价的好多倍，即使我们能砍下去少许，但是最后还是付出了成本价的数倍才得到了衣服。

但是我们始终应该记住一句话："人在做，天在看。"虚假的东西都是不会长久的，命运对每个人都是宽容而苛刻的。那些将诚信弃如敝屣，浑然不当一回事的人，他们最终也会因为失去诚信而身败名裂，甚至赔上一切。

任你再聪明、再狡猾，失去了信誉，迟早会受到惩罚。所以我们做任何事情的时候，千万不要让自己成为一个不讲信誉的人。生活中爱贪小便宜的人何其多，虽然我们无法改变这些人，但是至少我们可以让自己不变成这样的人。失去诚信的人，终究会得到命运公正的判决的。

虽然诚信是无形的，看不见摸不着，感觉上似乎有点微不足道，但它却是一种巨大的生产力，是获得成功的动力，可以使我们从无到有，收获丰硕的果实。讲诚信可以让一个人改变自己的命运，成为受上天眷顾的幸运儿。

有一个顾客走进了一家汽车维修店，他自称是某运输公司的汽车司机。"我们急需一批备用的轮胎，你不要担心价格，绝对是最好的！"他对店主说。但是店主却告诉顾客，说自己很抱歉，因为店里已经没有轮胎了。顾客指着不远处一堆码放得十分整齐的轮胎说："那里不是有很多吗？你为什么骗我说没有了呢？"店主告诉他，那是一位顾客已经订下的，说是很快就来取，所以他不能将轮胎卖给他了。顾客有点急了，他说道："他这不是还没有来取吗？只要你把东西给我，我出高于他一倍的价格！"店主还是摇摇头。顾客火了，对着店主嚷道："我还没见过你这种有钱不赚的傻子，现如今你还讲什么诚信啊？"店主一听立马也火了，他要那个顾客马上离开，到别处谈那种生意去。谁知这时候顾客却露出了微笑并满怀敬佩地握住店主的手说："我其实就是那个订购了轮胎的客户，我有一家很大的运输公司，一直在寻找一个固定的、信得过的维修店。看到了你刚才的表现，我确定你就是我要找的合作伙伴，请原谅我刚才的失礼！"汽车维修店的老板只是紧紧握住了运输公司老板的手，他何尝不想找一个拥有诚信的运输公司合作呢！

面对诱惑，不为其所惑，淡定自然，所表现出来的是一种高尚的道德修养，这就是闪光的品格——诚信。汽车维修店的老板以自己的诚信获得了合作的伙伴，他放弃到手的诱惑，却得到了更多的收获。

生活中各种各样的诱惑何其多，在一些华丽表象的遮盖下，它们就像一张张巨口，无时无刻不在准备着吞噬那些经受不住诱惑，失去诚信的人。"人无信不立"，生活需要我们讲诚信，和诚信订立一个契约，在淡定中发掘生命的意义，云淡风轻之处，我们自然可以在平凡生活中寻到别样的人生。

掩卷私语

信誉是我们每一个人的品牌，也是我们个人的无形资产，良好的信誉可以给我们的生活和事业带来意想不到的好处。面对生活，我们应该让自己学会讲诚信，因为只有在诚信中我们才可以知道什么是人生的真实意义。

5. 给未来一个梦想

梦想并不是一种虚幻的东西，它往往可以折射出人们对生活最真实的期盼。给自己的未来一个梦想，不要让自己在迷茫中失去前进的方向。人，只有循着梦想不断向前走，才可以获得更大的发展，在人生之途上走得更远。

给未来设定一个梦想，并将它作为自己奋斗的目标。梦想就像是我们人生中的一盏指路明灯，只要有这盏灯照在我们的面前，再漆黑的夜，也难以让我们迷失方向。梦想是藏在人们内心深处的一种最为强烈的渴望，是一种挥之不去的感觉和潜意识，也是人们走向成功的原动力。我们的人生需要梦想，而美好的未来就是许多个梦想积聚起来形成的。

每个人都有着属于自己的梦想，都有着各自的渴望和追求，或许是一日温饱的愿望，或许是安邦治国的抱负，或许是腾云驾雾的妄想……总之，不管是什么样的梦想，每个人都想让它变为现实，变为现实的梦想也就是未来。对梦想的追求，它能够帮助我们跨越一个又一个的困难，让我们努力去实现一个又一个的愿望！因为有了梦想，所以人们才会对未来产生美好的憧憬，才会对未知的人生充满好奇。可以说，一个人的成功和梦想是分不开的，而每一个梦想中，都会有一个美好的未来。

如今的社会，假如我们的未来没有梦想，那么我们就会像没头的苍蝇一般失去人生的目标，我们将会被这个发展迅速的社会淘汰，成为命运的弃儿。要知道，在这个充满着竞争的社会当中，梦想，它起着非常重要的作用，就好像是我们未来人生的指航灯，只有它的存在，我们才可以知晓前面的路应该怎么走；只有它的存在，我们才能够更好地把握未来的方向。

爱迪生上小学的时候，他最喜欢的课程是就手工课了，因为他可以将许多奇妙的构想展现在自己的作品上。虽然很多时候，他奇形怪状的手工作品往往会招致全班同学的哄堂大笑，但是他依旧喜欢循着自己的思想创作一些新的东西。

有一次，老师问全班同学的梦想是什么。有的孩子说自己渴望成为一名军人，有的说是最有钱的商人，有的说是最出名的政客……而爱迪生站起来，轻轻地说："我想成为世界上最伟大的发明家!"顿时引起哄堂大笑，因为没有人相信连简单的凳子都做得不像样的爱迪生会成为伟大的发明家。

可谁知，就是这样一个小孩，他始终坚信自己的梦想，在走向未来的每一步，他都循着这个梦想不断地奋斗着。终于，经过反复地实验，在经历了无数次的失败之后，他成为了世界瞩目的发明家。

给未来一个梦想，为自己前进的路途设立一个目标。只要将自己的梦想一直坚持下去，不断奋斗，终有一天那个梦想就会变成现实，出现在我们的人生中。爱迪生经过不懈地努力，终于实现了自己的发明梦。许多人都是带着属于自己的梦想生活的，或许我们的梦想在短时间内可能会受到一定的阻碍，也许是对新环境的不适应，也许是其他的任何原因，但是不管怎么样，我们都不应该放弃自己的梦想。没有梦想的人生是不完美的，没有梦想的未来是缺少希望的，没有梦想的生活是沉重而迷茫的。

奇诺最讨厌的事情就是做梦，他最推崇的就是实事求是，他从来不会憧憬自己的未来，也不会为自己的未来做任何打算，因为他觉得未来是一个虚幻的东西，只有傻子才会去梦想未来。

对生活，对自己的人生，他的要求从来只有一种，那就是得过且过。他深信每个人自打出生，他的命运就已经定了，他只要循着上天的安排，中规中矩地走完自己的人生就可以了。但是命运偏偏喜欢和奇诺开玩笑，奇诺曾经算过命，得知自己一辈子衣食无忧，可在他父母死去的第二年，他就尝到了挨饿的滋味。后来他只能靠着村人的接济生存，有一些好心的村民，劝他为自己的未来做个打算，奇诺却说自己的命运是已经注定了的，他不愿违背上天的安排，随便和命运对抗。慢慢地，村民也知晓了他是一个不知长进的人，也逐渐不再接济他。于是奇诺就离开了村庄，去了其他地方，没有人知道他去了哪里。但是在他离开一年多后，忽然被人抬回了村中，说是被饿死的，他快要死的时候恰好遇到一个好心人，他请求那个好心人送他回乡，也算是叶落归根。难得在临死的时候，他为自己的未来稍稍做了一个打算，否则他连进祖坟的机会都没有了。

故事中的奇诺不思进取，始终抱着一种得过且过的心态生活，连自己的未来都不重视的人，死，对他来说其实是一种解脱。说实话，没有人会喜欢一个没有梦想的人，他连自己未来的方向都无法确定，只是浑浑噩噩地生活在一片茫然之中，这是对人生的一种侮辱。一个不肯给自己未来一个梦想的人，生活只会嘲笑他，而命运也只会捉弄他，他会成为名副其实的弃儿，遭到人生的唾弃。

我们的人生需要梦想，我们的未来需要梦想。给自己一个梦，那么，我们面对未来的时候就不会再充满迷茫。这个梦想就像是一个目标，牵引着我们勇敢地探索未来；这个梦想就像是一张地图，地图上标注着我们走向未来的每一步；这个梦想就像是心灵的指引者，有它的陪伴，我们的人生就不会再寂寞。

掩卷私语

在淡定中给自己的未来一个梦想，循着梦想的脚步赶路，可以让我们的人生与众不同，让我们的生活不再沉重。拥有梦想，追求梦想，实现梦想，拥有梦想的人生不再虚幻，拥有梦想的未来不再迷茫，拥有梦想的心灵也将不再寂寞。

6. 今天才是最美的一天

有人说：做人应该忘记昨天，珍惜今天，祝福明天。昨天已经是过去，即使再不完美，也无法改变了；我们应该珍惜今天，因为人生就是许多个今天拼成的，我们想要什么样的人生，就必须过好每一个今天。

工作的压力太大了，我们可以选择辞职，然后找一个需要调整的借口，一直待在家中，心安理得地接受父母的接济。生活的担子太重了，我们觉得自己的肩膀没有足够的力量，于是就做个缩头乌龟，想尽办法逃离现实。婚姻打乱了我们的整个人生计划，于是为了回到人生原来的轨道，我们可以毫不犹豫地和自己的另一半说再见……总之，只要愿意，我们可以找任何的理由去让自己忽略现实，逃离今天，让自己每天都活在对明天的期待中。

难道只有活在期待中的人生才是最美好的吗？很多人会说，期待其实就是希望，对明天充满希望不好吗？殊不知，他们将过多的心思放在明天，却忽略了今天的存在。如果没有今天做前提，那么明天永远不会到来，与其抱着一种逃避的心态期待明天，还不如尽心尽力地将今天过好。要知道最美的永远是今天，只有我们把握了今天，才有机会得到美好的明天。

很久很久以前，有个小和尚，他的职责就是清扫寺庙的院子。每天他都要早早起床，然后拿着扫把，将前后的院子都打扫一遍。其实，院子内是很干净的，唯一需要他打扫的就是遍地的落叶。

每天起床扫落叶，对于小和尚来说实在是一件苦差事，尤其是每年到了秋冬时节，每一次刮风的时候，大量的树叶就会随风漫天飞舞而下，他每天早晨都需要花费很多的时间才能清扫完落叶。这让小和尚十分苦闷，为此，他一直在苦苦思索着，想要找到一个好办法，让自己能够轻松一些。

这天，庙里有一个自以为聪明的和尚对小和尚说："你在明天打扫之前，先使劲地用力将树上的叶子全摇下来，然后将它们全部打扫干净，那么后天不就可以不用扫落叶了吗？"小和尚听了之后，觉得这真是一个一劳永逸的好办法。于是，第二天他起了个大早，然后来到院子里抱着每棵树，使劲地猛摇一通。看着簌簌往下落的树叶，他第一次如此开心。因为他想，他只要把今天和以后的所有落叶一次全扫干净了，那之后他就舒服了，于是他乐滋滋地将满地的落叶全部扫干净。

然而，隔天早晨，小和尚到院子里一看，顿时傻眼了。原来，院子里依然如往日般落满了树叶，他前一天所做的一切只是白搭。顿时，小和尚像泄了气的皮球，拿着扫把，有一搭没一搭地扫着地上的落叶，他想自己的一生恐怕都要花费在扫落叶上了。这时，寺庙的住持过来了，见小和尚闷闷不乐的样子，问清原委之后，对他说："傻孩子，无论你今天怎么用力，明天的落叶还是会飘下来的。你为什么要为明天未知的事情烦恼呢？为什么不快快乐乐地过好现在的日子呢？明天的事有那么多的想不到，你烦恼得过来吗？”小和尚听后，忽然觉得如梦初醒，是啊，明天根本就是个未知数，我为什么不过好今天呢？于是，他重新拿起扫把，然后开开心心地将院子里的落叶打扫干净。

我们生活在这个社会中，所要经历的一切可不就是像院子里的落叶吗？谁也不知道明天会不会刮风，到底能落多少的树叶。其实，生活每时每刻都在不断地发生着各种各样的变化。然而，我们很多人却不知晓把握今天的道理，不懂得珍惜展现在眼前的生活，却想尽办法去忧心于自己的过去和未来。

今天才是最美的一天。生命并不会像金钱一样，可以让我们随意地储存起来以备不时之需，我们唯一拥有的能够有效兑现的时光，其实只是当下与现在，也就是出现在我们眼前的被给予的这一瞬而已。人生没必要过多地去期待明天会是什么样子，因为明天毕竟还是一个未知数，存在那么多的难以预料，我们根本无法确定周围的环境会发生怎样的变化。明天的光景总是恍恍惚惚的，难以捉摸、难以把握。如果我们一味地去期待明天，就会在无意中错失了今天的美好，在漫不经心中虚度了人生。

要记住，只有今天才是最美的一天，我们最应该珍惜与把握的就是今天。即使昨天有天大的遗憾，在今天也已经成为过去。重要的是要抓住今天，抓住了今天，就是抓住了生命整个行进过程的要穴。明朝有一位叫做文嘉的江苏学士，他曾写过一首诗，叫《今日歌》。这首诗告诫人们要珍惜现有的时光，其中有一句“人生百年几今日，今日不为真可惜”。确实，我们的一生能有几个今日呢？如果我们不珍惜今日，不珍惜现有，那么到时候蹉跎的不仅是光阴，同时还有我们的人生。

任何事情的发展都循着它们特定的轨迹，有很多事情并不是凭着我们的主观意志就可以让其提前的。脚踏实地地把握好今天，才是面对人生最正确的态度。只有今天，才是我们可以把握的真实存在的时段。在今天的人生轨道上，不管是昨天的成功还是以往的失败，都会显得苍白和暗淡。只有在今天的沃土中种下真诚与善良的种子，才有把握能够在明天收获一个美好的结果。珍惜今天，就不会让我们的光阴虚度；珍惜今天，就不会错失不该失去的时机；珍惜今天，才可以真正了解人生的意义；珍惜今天，才能有一个充实、无悔的人生！

掩卷私语

不要将过多的心思花费在对未知的明天的期待中，人的一生何其短暂，我们只有抓住今天，才会让自己的人生变得充实，才可以让生活充满快乐。只要努力，在平凡的人生中，我们也可以寻到精彩的人生。我们要时刻记住，今天才是最美的一天！

篇二

轻松职场，淡定中自有成功的足迹

第五章 揪住幸运的尾巴
——我的人生我做主

职场是人生中的第二个舞台，可以说人们大多数的岁月都是在职场上度过的。职场中有激烈的竞争，但是在淡定中也不乏成功的足迹。不仅生活中需要我们正确认识自己，身在职场，我们也必须找准自己的位置，给自己一个准确的定位，也只有在适合自己的位置上，才能将自己的优势充分发挥出来。或许我们的身上会存在这样那样的缺点，但是残缺有时候也是一种完美，只要我们始终相信命运掌握在自己手里，那么，我们就可以轻松地游走在职场中，在激烈的竞争中拥有一席之地。即使平淡，在职场中照样可以揪住幸运的尾巴，做自己人生的主人。

1. 找到适合自己的位置

正确地为自己定位，找到适合自己的位置，这是职场入门的第一步。因为只有在适合自己的位置上，我们才可以有更多的机会抓住成功的机遇。

很多人在找工作的时候，或多或少都会问自己："我究竟适合干什么呢?"许多人可能会很迷茫地告诉自己："其实我也不知道，为了生存我必须找一份工作，只要有工资拿就可以了!”这真的是一个很实在的回答，试想人们找工作可不就是为了生计吗?但是我们也不难发现，有些人，他们一辈子都做同一份工作，到头来什么积蓄都没有，日子过得也是紧紧凑凑的；而有的人，他们有选择地换工作，结果不仅享受了生活，自己的事业也发展得十分顺利。之所以出现这种现象，主要是后面的一类人他们找到了适合自己的位置，所以在他们的一番坚持努力下，成功是必然的。

人生不是简单地过家家，工作最不能忍受的就是将就和凑合，勉强坐在并不适合自己的位置上，成功对于我们来说，永远只会是天方夜谭。生活不会将人逼得太紧，在找工作的时候，我们不妨静下心来，给自己多一点时间，找准并确定自己的位置，然后再努力地奋斗，勇敢地面对所有的困难和挫折。身在职场，能否成功，就在于可否准确地为自己定位。

那么究竟什么是位置呢?不同的人对位置的理解也各不相同，有的人认为位置就是工作中所担任的职位；有的人认为位置就是事业上获得的成就；有的人认为位置就是生活中得到的幸福；有的人认为位置就是一种面对工作的积极态度；有的人认为位置就是彼此之间的信任；还有的人认为位置就是紧握在手中的无上权力……不管怎样，至少在职场中，只要找准了位置，那么，我们的事业就会有很大的发展，我们对待工作的态度就会是积极快乐的，身在职场的每一天都是幸福而充满挑战的。

找到适合自己的位置并坚持下去，对一个人的人生是存在很大的影响的，甚至可以让一个人发生脱胎换骨的改变。那么在职场中，我们应该如何找到自己的位置呢?

第一：努力创造机遇以便找寻到自己的位置

很多时候，机遇是人创造出来的。相信自己，一旦确立目标，就应该不懈地努力下去，到时候机遇也会慷慨地向我们张开双手。机遇多了，那么尝试的次数就会增多，在多次的尝试中，想找到适合自己的位置应该不会很难。

第二：努力超越上司对我们的期望

任何一个上司，他们对自己的员工总是怀有一定的期望的。他们希望自己的员工拥有超强的工作能力，遇事的时候能够独当一面。只要我们能够利用好这个期望，并且努力超越这个期望，那么我们终究会找到自己比较满意的那个位置。

第三：不管是什么工作，都应该按时完成

没有上司会喜欢一个办事拖拖沓沓的员工，一个不能按时完成工作任务的员工，只会让老板对其失去信心。不珍惜时间的员工，老板永远不会将他的名字放在准备提拔的名单上，要找到自己想要的位置，只能是下辈子的事情了。

不管怎么样，相信每个人的心目中对自己的位置多多少少还是有一点期待的。同为职场中打拼的一员，在这里愿每个人都能找到自己的位置，在职场之路上走得自信、从容一些。

掩卷私语

找准自己的位置，成功的机遇就会增加。人生一世，没必要让自己在碌碌无为中不断叹息，只要我们愿意，在淡定中也可以为自己的人生做主。揪住成功的尾巴，在适合自己的位置上，让我们的职场生活变得轻松。

2. 充分发挥自己的优势

每个人都有自己的优势，在工作中，我们要充分发挥自己的优势。那样，不仅可以提高工作效率，还有助于个人的发展。在职场上，我们能不能走得轻松一些，那就要看我们能否将自己的优势发挥出来！

众所周知，每个人都有自己的优势和劣势，但是我们应该相信一句话，优势是用来发挥的，劣势是需要规避的。大多数人都渴望自己能够成功，可以在工作上有所建树，但是也有很多人在面对自己的人生时，会陷入迷茫。因为他们不知道自己擅长的是什么，也找不到自己的优势所在。

在这个世界上能抓住成功的机遇的往往是那些最了解自己的人，可以说机遇其实天天都会出现，但是我们未必能够确定哪一个才是真正属于自己的。要想搞清楚这个问题，我们应该对自己进行一个比较透彻的分析。在步入职场之前，我们应该问问自己：我需要什么？我擅长的是什么？我想拥有什么样的未来？如果我们能够很清晰地回答出这些问题，那么，或许我们就可以抓住幸运的尾巴，在职场中有一番作为。

要想充分发挥自己的优势，做自己最拿手的事情，首先要有持之以恒的信心。不要害怕失败，我们所经历的一切应该是我们最大的本钱，在这些经历中，我们足以发现自己的优势所在。当我们发现了自己的优势之后，就要将其充分地发挥运用。得不到充分发挥的优势，就好像一颗沉在海底的钻石，和破铜烂铁并没有什么区别；但是只要把它捞出来，将它放在钻石专柜中，它散发出的璀璨光芒也就真正体现出了它的价值。

一个穷困潦倒的青年，他一路流浪到了巴黎。随后找到父亲的朋友，期望他能帮助自己找到一份谋生的差事。“数学精通吗?”父亲的朋友问他。青年摇摇头。“历史、地理怎样?”青年还是摇摇头。“那法律呢?”青年窘迫地垂下了头。父亲的朋友接连地发问，希望能找到青年精通的东西，结果青年每次都是以摇头回复对方。青年很泄气地发现，在自己的身上，竟然没有丝毫的优点。“那你先把住址写下来吧。”父亲的朋友有点无奈地说。青年写下了自己的住址，转身就要离开，却被父亲的朋友一把拉住了:“你的字写得很漂亮嘛，这就是你最大的优点啊! 你不该只满足找一份可以糊口的工作!”

数年之后，青年写出了享誉世界的经典作品。他就是家喻户晓的法国 18 世纪的著名作家大仲马。

每个人最大的成长空间就在其最强的优势领域，就像大仲马，他虽然不懂数学、地理和历史，甚至连法律都不精通，但是他却写得一手漂亮的字，而这一手漂亮的字则成为一个引发他得知自己优势所在的契机。因为这个优势，大仲马终于成为了家喻户晓的著名作家。任何人不可能都是十全十美的，他是否能够成功，关键就在于能否努力把自己的优势发挥到极致，把不足之处的危害降到最小。

有句话说，人才如果不懂得发挥自己的优势，那他和垃圾并没有什么区别。在工作中，我们没必要把精力全部花费在提高自己的弱项上，太过在意自己的弱点，不仅会使自己的工作受到影响，还会将我们的优势掩盖起来，让自己成为一个毫无特色的人，自然在工作上也就难以有所建树。

由上可以看出，发现自己的优势所在，并将其充分发挥，对于一个人能否在工作中有所建树，还是存在很大的影响的，那么我们怎样才可以发现自己的优势所在呢？

（1）正确认识自己

正确认识自己，这句话说出来很容易，但要真正将其做到并不简单。首先，我们得培养起自己解决客观问题的能力。在我们遇到问题并开始解决之前，就应该弄清楚这件事情的来龙去脉，然后才能对症下药。其次，善于归纳总结，充分发挥大脑的思考作用，任何时刻都保持清醒的头脑。知识是智慧的养分，我们应该用知识充实自己。再次，培养自己准确的判断能力。学会运用自己的大脑，能够明确地判断出什么应该留下，什么应该舍弃。

（2）乐于接受别人

人生总是在不断改变。很多时候，工作中并不提倡个人英雄主义，团队才是工作中重要的组成部分。在工作中，人们更喜欢“共赢”，不管是对于员工还是老板，这都有一定的好处。一个人的智慧是有限的，要想自己的工作顺利，得到老板的肯定，就一定要有团队意识，认识到集体智慧的重要性。越是有能耐的人，他就显得越谦虚谨慎，并且很容易接受他人的意见。

（3）尽量忽略自己的劣势

这里所说的忽略自己的劣势，并不是将其搁置不管，而是说不要将自己的劣势放大化。一个人将过多的精力花费在弥补自己的劣势上，那么他就会永远看不到自己的优势所在，要想在工作中有所发展，也就不是一件容易的事情了。

任何人都有自己的独特之处，只有将自己的优势充分发挥出来，在工作中我们才能获得自己想要的东西。职场并不如想象中那般可怕，有惊天动地的成功，也有淡定中的成功，我们是否可以揪住幸运的尾巴，成为职场中的佼佼者，就要看能否发挥自己的优势了！

多花点时间把自己的优势发挥到极致，比花费更多的时间去弥补劣势要好很多。我们没必要在找工作的时候故意放大自己的劣势，我们要突出自己的优势，让它得以充分发挥，这样我们就可以步入成功的大门了。

3. 不要只看到别人的缺点

有句古语说："静坐当思己过，闲谈莫论他非。"我们不应该只看到别人的缺点，过多地注意别人的缺点，只会让自己忘乎所以，从而成为受"狂妄"和"自大"操纵的玩偶，不仅失去了自我，而且也和成功擦肩而过。

身在职场中，有一点是十分重要的，那就是不要只看到别人的缺点，而要学会看到别人的优点。"金无足赤，人无完人"，再完美的人也有缺点和短处；"寸有所长，尺有所短"，再一无是处的人，也有自己独到的一面，也有属于自己的长处。

我们在工作中能否和同事相处融洽，能否很好地完成上司交代的任务，能否受到成功的青睐，就要看我们以什么样的目光去看待周围的人了。如果我们的眼睛是能够看到别人的优点的，那么，我们就可以得到一群友好、热情、喜欢助人、值得信赖的朋友，工作上也自然会顺利很多。如果我们的眼睛只看到别人的缺点，那么我们就会被冷漠、鄙视、不以为然和钩心斗角所包围，就会被一种优越感所欺骗，以至于处处都以一种高高在上的姿态对待他人。狂妄自大无疑是自掘坟墓，到头来，我们不仅得不到上司的认可，同事们也会将我们孤立。四面楚歌的滋味并不是很好受的，而一个狂妄自大、只看到别人缺点的人，机遇在他面前永远是隐形的。

陈庆最近在一家图书公司找到了一份编辑工作。这家公司刚开不久，像他这般老资历的编辑，公司里只有一个，并且他感觉得出，老板对他很是看重，很多次都向他透露出重点栽培他的意愿，甚至给他的工资都是高于其他人的。一种优越感油然而生，自大迅速地在陈庆的心灵中成长起来，他变得越来越傲慢，不仅对同事们颐指气使，甚至有时候对老板也是爱搭不理的。

同事们知道陈庆资历比他们丰富，他们也见识过陈庆的能耐，所以刚开始倒是对陈庆退让三分。老板也将陈庆的一举一动看在眼里，他还是不想白白错过像陈庆这样的人才，所以对于陈庆的行为也就睁一只眼闭一只眼。同事的忍让，老板的纵容，让陈庆更加忘乎所以，他开始三天两头地迟到，动不动就请假说自己有事。就在他又一次请假的时候，老板给了他一张解聘书，然后告诉他不要再来上班了。

陈庆没说什么，拿起解聘书就走了。他敢笃定，不过一周，老板一定会打电话喊他回去的。因为最近出版的好几本书都是由他一手负责的，那些工作都还没有完成，如果不按期完成，公司就会违约，到时候光是违约金就会使公司损失很多。谁知一周过去了，两周过去了，一个月过去了，陈庆还是没有接到老板的电话。陈庆不甘心，于是主动拨了老板的电话，问他为什么要解聘自己。老板说，他不会雇用一个骄傲自大到忘记自己是谁的员工，即使他的能力很不错。他十分感谢陈庆，正是陈庆的忘乎所以，才让他学会正视其他的员工，他们虽然没有丰富的经验，但是都有很好的潜力，他敢断言，再过几个月，公司里的每个员工都会比陈庆优秀，并且比他更知道什么是谦虚。老板的一番话，让陈庆恍然大悟，但是他知道自己已经没有机会再回到这家图书公司了。

像故事中所讲的陈庆这样的人，我们周围也有不少。一心只注意到别人的缺点，反而使自己变得狂妄自大。多看别人的长处，就可以找到一份平常的感动。我们平时喝水的时候，并不觉得水有什么味道，但是在剧烈运动之后喝水会觉得水很甜，很有味道，这是因为我们看到了水的长处——解渴。也许是这样的一种心理暗示，我们往往在极其需要某种东西而得到满足的时候，总是会十分感动。由此可以看出，看到别人的长处，还可以收获一份平凡的感动。

多看到别人的长处，会让自己的心境更加乐观。一些真正有所成就的人，总是给人们一种平易近人又朴实无华的感觉。很多时候，多看到别人的长处，我们收获的也许不仅仅是一份情谊，或许还会有更多的东西，比如，一次加薪的机会，一个提升的机会，一次成功的机遇……

当你看见别人有很多缺点时，实际上是自己有很多缺点；当你看到他人有很多优点时，实际上是自己的性格更加趋向了完美！或许我们因为一些原因，曾经只看到别人的缺点，将自己置身于高处，孰不知，我们在别人身上看到的缺点，或多或少也映射出了我们自己的缺陷。而当我们学会注意到他人的优点的时候，也证明我们正在逐渐完善自我。

有时候，我们会发现自己看人，总是会看得那么尖锐。或许那根本就不是什么尖锐，而是自己的心胸不够宽广，其实是因为自己有缺点，才会故意将别人的缺点放大化，所以感觉不可忍受。而自己在工作中，同样也受到他人的排斥，郁郁不得志。

忽略别人的缺点，其实也就是宽恕自己。我们没必要事事都较真，有时候在一种淡定中，也可以让自己的职场很轻松。我们要做就做自己人生的主人，对别人宽容一点，其实也是宽容自己。注意到别人的优点，或许成功就不会那般遥远！

掩卷私语

其实别人一直是有优点的，只是我们自己戴上了有色眼镜。如果放大别人的缺点，就会感觉生活难以维持下去；如果可以看到别人的优点，一切都会变得不一样，不管是生活还是工作都充满了希望，那么人生也就会多些快乐！

4. 残缺中也有完美

许多人都希望自己是完美无缺的，特别是在工作中，任何人都希望自己是老板眼中最完美的那一个员工。但是，我们应该知道，残缺中也有完美，不要对自己太过苛刻。命运会给每个人机会，只要我们保持一颗淡定的心，就可以让自己找到快乐。

究竟什么是完美，完美的定义又在哪里？毛毛虫几乎用尽了毕生的精力，只为了经历 10 多天甚至不到一周时间的蝴蝶人生，谁又能说它短暂的人生不完美呢？飞蛾寻寻觅觅，只有在见到灯光的一瞬间才感觉到快乐，但是它的快乐却是以燃烧生命作为代价的，这样的人生演绎出的未尝不是一种完美！不管是毛毛虫，还是飞蛾，它们的人生都称得起完美，但是我们也可以看出，它们的完美是建立在残缺的基础上的。如果毛毛虫天生就是蝴蝶，那么，它还会费尽心思去完成蜕变吗？如果飞蛾天生就可以生存在阳光下，它还会不顾一切地追逐灯光的灿烂吗？所以我们要知道，残缺中也存在完美，甚至这种经历了风雨洗礼的完美要比天生的完美更动人。

威尔玛·鲁道夫于1940年6月23日出生在美国田纳西州的一个小村里，她的父亲是一个铁路工人。在威尔玛·鲁道夫很小的时候，肺炎和腥红热就拜访了她，持续不断地高烧让她患上了小儿麻痹症，她的左腿出现萎缩，甚至连走路都变得异常困难，只有靠着铁架矫正鞋才能勉强行走。11岁之前，她一直靠着那双铁鞋才能勉强跟着别人走路。但是就在她11岁那年，威尔玛·鲁道夫第一次把铁鞋脱掉，然后打赤脚跟着她的哥哥们打篮球玩耍。到了12岁，她已经完全不需要铁鞋的帮助了。

脱掉铁鞋之后，威尔玛·鲁道夫的运动天分也逐渐显示出来，仅仅4年的时间，在她16岁的那一年，她入选1956年墨尔本奥运会美国短跑代表队。第一次参加奥运会，她在个人项目200米比赛中未能进入决赛，但是她是美国女子4×100米接力队成员，为美国队夺得了铜牌。她获得田纳西州州立大学运动奖学金，进入大学就读并且再度受训，顺利入选罗马奥运会美国代表队，共获得100米、200米和4×100米接力3项比赛金牌，而且都是以极大差距领先对手。由于她的跑步姿态优美，步伐协调，被意大利人誉为“黑羚羊”。

2004年7月14日，美国邮政局为她发行一枚纪念邮票。这枚邮票面值为0.23美元，一版20枚，发行量为1亿枚，这是美国邮政局的《杰出美国人物》系列邮票2004年版邮票，也是这个系列的第5枚邮票。

从威尔玛·鲁道夫的故事中我们可以知道，即使上天剥夺了我们一些东西，使我们存在这样那样的缺陷，但是我们还是可以靠自己的努力，不会让这些缺陷影响到我们的人生。不仅如此，我们还可以了解并利用这些缺陷，让完美更动人一些。

我们时常会听到有人抱怨，说是命运不公平，既没有给自己一张人见人爱的脸蛋，也没有给自己高于常人的智慧，所以往往会成为他人嘲笑的对象。确实，我们会因为自己的缺陷而自卑、伤心，有时候甚至会将缺陷放大，结果不仅生活处处受阻，工作中也是事事不顺心。我们甚至忘记了自己有什么优点，只是一味地沉浸在残缺的叹息中，看着别人的完美而逐渐对自己的人生失去希望。

其实，很多时候，完美只是人们在面对一些出现在生活中的情景时的一种个人见解而已。我们看到别人生活得很快乐，他们工作很努力，很受上司的赏识……但是我们却无法看到他们在生活中也会因为一些事情而愁眉紧锁；再努力工作，也有迷茫的时候；要得到上司的赏识并不是一件容易的事情，这预示着要比别人更用心，更努力……我们口中所谓的完美，往往是在许多的缺陷中诞生的，残缺中的美才是真正的完美。

农夫有两只水桶，一只水桶完整无缺，另一只水桶底下却有个小洞。所以，每次当农夫担着水走过的时候，另一边的地上总会留下许多水痕。

这只漏水的水桶看着自己残缺不全的身体很是伤心，甚至每次跟随农夫外出挑水的时候都显得毫无精神。农夫很纳闷，就问它为什么不开心。水桶告诉农夫，自己因为底下漏水，总是无法像另一只桶那样装回满满一桶水，它是一只残缺、惹主人讨厌的桶。农夫听了却哈哈大笑起来。农夫告诉那只漏水的桶，他从来没有讨厌过它，甚至还因为它的残缺而感到开心。原来农夫知道这只桶漏水后，就在自己时常挑水经过的路两旁撒下了许多花种，而漏水的桶就负责浇灌这些花种。现在路两旁早就开满了美丽的花，美丽的景色让农夫干起活来很开心，所以他一直都没有修补这只桶。桶听完，也就不再伤心了，它看到路旁美丽的花朵，忽然觉得自己其实一点都不丑。

故事中的桶虽然不完整，但是它是快乐的，谁又能说它不完美呢？完整并不是完美人生的前提，残缺中也可以寻找到一个完美的人生。所以很多时候，我们所擅长的并非是自己看上去所谓的“完美之举”，只有真正了解自己，找出自己的优势，才能够在属于我们的职场人生中添上一笔完美的记录。

许多人都渴望成功，职场中的成功者也不少，但是每一个人都有着属于他们自己的缺陷，正因为他们不过于苛求表面上的完美，才发现了真正适合自己的东西，找到了自己人生的航标，才将残缺的人生演绎得如此完美。淡定的人生，它不会太过在乎自己的残缺，也不会因此而自卑、它会努力将残缺变成自己的优势，让其拥有独特的魅力。掌握自己的人生，我们也可以在职场中占得一席之地。

掩卷私语

残缺之所以被称为残缺，正因为它有待人们去正视它、超越它、完善它，面对有待实现的完美，我们唯有打起精神，付出更大的努力。相信残缺中也有完美的道理，在淡定的人生中找寻成功的足迹。身在职场，我们也可以掌控自己的命运，揪住幸运的尾巴，赶上成功的末班车。

5. 命运掌握在自己手里

人生就好像是一个大棋盘，我们一生都在与自己对弈。落子无悔，我们所经历的一切，都是我们自己的决定。所以说，命运其实就掌握在自己的手中，是做一个历尽艰险、不折不挠的成功者；还是做一个丢盔弃甲、落荒而逃的失败者，一切都由我们自己决定。

命运掌握在自己手里，我们没必要因为别人的成功而眼红，也不必因为一时的挫折而垂头丧气。人生本来就存在许多变数，如果我们甘心受命运的摆布，听从命运的安排，那么我们就永远不会知道努力之后得到成功是一种什么样的感觉，不会知道掺杂了汗水的人生会不会别具特色？与其被动地接受命运的安排，去吃别人已经咀嚼过的面包，倒不如摆脱命运的操纵，去主动找寻香甜的馅饼。

命运掌握在自己手里，不要轻易地向困难和逆境低头。只要我们愿意努力，拥有百折不挠的奋斗精神，那么我们也可以成为时代的弄潮儿，受到上司的赏识，长辈的喜爱。其实，我们之所以难以在自己的工作上有所建树，主要是因为我们太过安于现状。每个人或多或少都有一些惰性，也往往容易沉迷于一时的安逸，以至于机会悄然而至的时候却浑然不知，结果就是总找不到成功的机会。

面对命运的捉弄，我们可以大哭大闹，也可以大吼大叫，但是却不可以轻言放弃。如果累了，可以暂时休息一下，调整好自己的状态之后重新来过；如果厌倦了，那么就停下来培养自己的兴趣。只有不断与命运抗争，将其掌握在自己手中，才可以让自己的人生快乐一些，工作轻松一些。

很久以前有两个人，一个叫王甲，一个叫李乙。王甲是一个天生的命运至上者。他相信，冥冥之中，存在着命运之神，他将每个人的一生都已经安排好了，人们只有听从他的安排，才可以平安幸福地度过一生。而李乙却从来不相信有什么命运之神，他始终认为自己的人生应该自己做主，能否生活得幸福快乐，全部由自己的双手决定。

王甲的父亲为王甲留下了一个还算不错的家业，王甲认为这是命运之神对自己的眷顾，他生下来就是为了享乐的。于是，他每天都沉迷于享乐之中，时常和一些狐朋狗友出去吃喝玩乐，没过几年，偌大的家业被他败完了。他又认为这是命运之神对自己暂时的考验，于是他过上了沿街乞讨的生活。他相信命运之神会再次眷顾自己，让他重新过上以前的舒适日子。但是，直到他生命结束的那一刻，他还是一个沦落街头的乞丐。

李乙的父亲也留下一份偌大的家产，但是因为李乙是庶出，所以在老头子的葬礼结束之后，他和他的母亲就被赶出了家门。李乙的娘因为一时承受不了打击，很快就去世了，剩下李乙孤苦伶仃一个人。李乙是一个天生就不信命的人，他不甘于沦落街头，他相信，没有父亲的遗产，他照样可以出人头地。于是，他先替有钱人家做工，因为聪明勤奋，很快就受到主人的喜欢，逐渐被委以重任。但是李乙不甘心只做一个家奴，他在积攒够了一定的钱时，就离开了东家，自己出去做生意。凭着一股不服输、不信命的劲，几年下来，李乙竟然颇有成就，跻身为当地的富豪之列。

从以上的故事中我们可以看出，王甲始终相信命运的安排，结果却被命运捉弄，从衣食无忧的阔少爷沦为乞讨街头的乞丐。与其说命运捉弄了王甲，倒不如说王甲自己捉弄了自己。再看李乙，虽然刚开始生活很清苦，不仅被亲兄弟扫地出门，而且还失去了唯一的依靠——母亲。但是他不甘心于命运的安排，凭着自己的聪明才智和一双手，终于为自己撑起了一片天。命运掌握在自己手中，李乙的故事就告诉了我们这个道理。

或许我们曾经彷徨过，因为看不到自己的未来而寝食难安过，也因为工作中的种种困难而垂头丧气过。但是我们是否想过，我们真的试图将自己的命运攥在手里吗？更多的时候，我们总是抱着一种无奈心理，用一句“顺其自然”的话来宽慰自己。没有打拼，没有奋斗，成功自然不会不邀而至。

陈然感觉自己真的要崩溃了。她刚刚找到了一份不错的工作，结果却发现自己怀孕了。当然，她很快就被辞退了，因为一般的公司都不愿轻易接受一个孕妇。

陈然从公司出来，独自走在大街上。她现在心里真的是乱极了，她很喜欢孩子，毕竟自己已经结婚了，她和丈夫一直想要个孩子，现在怀上了，她心里很高兴。但是也预示着在未来的两三年之内，她是无法工作的。命运跟她开了一个好大的玩笑啊！但是陈然并不屈服于命运的安排，她不想看着自己的丈夫一个人太累，于是决定利用自己的长处——写作。她看到网上有一些图书公司在征稿，于是她将自己曾经做过的书稿投出去，很快，她就收到了一家图书公司的合作意愿。于是他们签订了合同，现在陈然已然是一个自由职业者了，养胎赚钱两不误。这样的生活，让她自己也觉得很开心。

故事中陈然的生活未尝不是快乐的。有时候命运会对我们开各种各样的玩笑，既然不甘于被愚弄，那就站起来反抗。将命运抓在自己手中，即使是很平淡的生活、很平凡的工作，我们也可以从中体会到快乐和幸福的滋味。

不要再用抱怨和叹息将自己包裹起来，也不要为自己找那么多逃避现实的理由。既然命运喜欢捉弄人，那么就不要站在原地任它摆布。其实命运就像纸老虎，看上去庞大骇人，但是只要逮住它的弱点，照样可以将其玩弄于股掌之上。做命运的主宰者，寻求淡定中的成功，即使身在硝烟四起、竞争异常激烈的职场之中，我们也可以走得很轻松。

掩卷私语

很平凡，但是演绎出的人生却是非凡的；很淡定，但是淡定中却隐隐显示出成功的足迹。掌控自己的人生，把命运紧紧攥在手中，职场中我们就可以走得很潇洒！

6. 一句话，也可以这样说

说话是一门艺术，适当的场合说适当的话，不仅可以增加别人对我们的了解，甚至还可以多给自己一个机会。一句话，换种说法，或许会产生意想不到的效果。

“好话一句三冬暖，恶语出唇六月寒”，“祸从口出”，“言如其人”，总之，很多时候一个人的言语可以代表他的想法，可以表达出他的意图。一句话，用不同的语气表达出来，接受者的感觉也不尽相同。温柔委婉的语气，可以让人觉得说话者和蔼可亲，人们打心底里也愿意和他多亲近；而冷酷严厉的语气，就会给人一种难以接近的感觉，自然使人对他避之唯恐不及。所以说，不管在什么时候，都要注意说话的方式和技巧，特别是在龙蛇混杂的职场之中，任何一句不合时宜的话都随时可能让我们丢掉饭碗。

其实很多时候，我们可以发现，人与人之间的矛盾一般都是因为语言表达不当而引起的。比如一个人将一件很简单的事情做错了，很多人都会觉得他犯这个错误真的是很愚蠢。于是就会有两种针对他的评语："你真是一个十足的笨蛋，这点小事都做不好！"或者"你这次怎么这么粗心呢？下次一定要注意哦！"两句话或多或少都带着责备，但是相较于第一种说法，第二种说法更容易让人接受。这就是说话的技巧，表达的意思大致上是一样的，但给人的感觉却有天壤之别。

一家图书公司新招了两名编辑，男生叫做张凯，女生叫做郑芳。张凯是应届毕业生，而郑芳有着两年的工作经验。公司有3天的试工期，也就是说新人可以先在公司待3天，看适不适应公司的规章制度，其实也是公司对员工的一个挑选过程，这3天是不算薪水的。

不管是对于张凯还是郑芳来说，这3天都是痛苦的，因为他们不知道应该干什么，公司老总先是给他们每人两本书，说是先了解一下公司所出书的特点，之后就没影了。上班第一天下午，他们就参加了编辑部的会议。老总似乎有意看看两个新员工的表现，所以在提出每一个问题的时候都让两个新人发表意见。郑芳毕竟工作过，对老总提出的问题倒是回答得有条不紊，但是她的语气中总含着一股高傲的味道；而张凯，虽然刚刚毕业，但是显然他还是对自己的能力很有信心的，面对老总的问题，他尽量避开自己没有经验的弱点，将自己不惧挑战的优势表露了出来。

第二天，在中午的时候，老总让他们每人写一篇文稿，是对一个童话故事的改编。张凯和郑芳两人知道，这是老总开始考验他们的写作能力了，于是各自卯足了劲头，不断用手指敲击着电脑键盘。大概过了3个多小时吧，老总来问两人什么时候可以写完稿子。张凯说自己会以最快的速度完成。而郑芳，却随口问老总什么时候要，不着急的话明天可以交稿，着急的话她下班前交稿也行。就是这样一句漫不经心的话，让郑芳失去了这份工作。

其实，郑芳的文字能力要比张凯的好很多，但是老总觉得郑芳太过高傲，所以他情愿留下没有任何经验的张凯，也不愿意留下有些自大的郑芳。

从以上的故事中我们可以看出，郑芳之所以被掷出局，并不是因为她的能力不行，而是她的言语表达让她成为弃儿。“祸从口出”，一句话可以决定一个人的一生。很多人都会认为，职场中最重要的就是能力，只要我们有超越他人的能力，高傲自大点又有什么关系，几乎所有的老板，都是以自身的利益为主的，只要员工可以为他带来利润，其他的并不重要。职场中真的是如此吗？如果是如此的话，为什么那些真正的成功者，人们敬重的是他们的品质，而不是赚钱能力呢？

不要以个人的喜好去说话，“见人说人话，见鬼说鬼话”，虽然不怎么好听，但是在为人处事的时候却十分好用。说一句好听的比较委婉的话，并不会让我们失去什么，但是可以为我们赢得人品。一句难听的话，即使当时可以一解自己心中的恶气，但是带来的影响却是长久的，或许就因为我们的这一句恶语，而给别人留下十分不好的印象，以至于使自己成为人人厌恶的人。

一个人的能力再好，没有融洽的人际关系，那他在工作中也不会有什么出色的表现，而人际关系一般都是通过语言上的交流拉近的。

刘涛在一家规模较大的企业上班，一直以来他工作都是兢兢业业的，但是前段时间因为家里发生了一些事情，结果由于情绪不好，将他之前跟进的一笔大单失去了。老总对于刘涛的过失很是恼怒，于是将他大骂一顿，并扣除一个月的奖金以示惩戒。刘涛觉得老板的惩罚有点太过，于是开始产生逆反心理，没工作一段时间，就跳槽到另一家企业，而刘涛之前的一些老客户，也跟随他去了那家公司。

说话的时候，并不一定非要咄咄逼人，句句致人死地。话说得太过，不仅难以达到我们想要的效果，反而会产生逆反作用。因为没有人愿意生活在训斥之中，即使是上司，也没有权力天天对自己的员工恶语相加，同事之间，更是没有必要用恶语挑起矛盾了。人生需要淡定，职场更需要人们有一颗淡定的心，不要让语言成为自己职场中的绊脚石。一句话，我们也可以换种说法，表达适当，命运就会掌握在我们自己手中，使自己成为职场中的幸运儿。

掩卷私语

身在职场，每个人都希望自己有所成就。如果我们觉得自己的能力无法超越别人，那么就在语言表达上下点功夫吧，适当的场合说适当的话，让语言成为我们驰骋职场的一大助力。

第六章 转动命运的轮盘
——创业并没那么艰难

现在有一句话很流行，是这样说的“打工不如自己开小店”，也就是在现今社会，更多的人提倡自己创业。可能刚起步的时候有点难，但是一旦上手，就会好很多。人们来到这个世上，或多或少都想证明自己的存在价值，想找到适合自己的位置，而职场就是一个很好的人生舞台，不管我们是打工一族还是创业者，它都可以将我们包容其中，给我们足够的空间发展。转动命运的轮盘，让创业成为实现自我价值的最好载体。拥有自己的一套创业理念，随时准备好承受打击。但是，如果太过执著于营利，会让我们的目光变得短浅，我们要学会将目光放长远，那么，即使在硝烟四起的职场中，我们也可以淡定地走出一条属于自己的道路。

1. 随时要有承受打击的准备

“花无百日红，人无千日好”，人生一世，不可能一直都一帆风顺，我们随时要有承受打击的准备。创业并不会如想象中一般艰难，但也不会很简单，能否转动命运的轮盘，在创业中找到成功，就要看我们是否有承受打击的心理准备。

其实创业能否成功，良好的心态很重要，只要我们拥有一种随时承受打击的心态，那就会淡定很多。一旦人们不太过执著于结果，那么事情往往会变得出乎意料。跌倒了，没什么，如果疼那就哭喊两声，然后爬起来，拍拍身上的尘土，反正我们随时都做好了摔跤的准备，摔倒只是意料之中的事情。赔钱了，也没有什么大不了，我们又不是财神，没有天生的敛财本事，反正做生意有赔有赚才属正常嘛！正是这种淡定的心态，豁达的态度，鼓励着我们在创业的道路上一直走下去。

或许在接到公司面试通知的时候，家人会这样鼓励我们："去吧，面试上了纵然好，要是面试不上，也没关系，回来接着找！"这何尝不是一种心理安慰呢？抱着一种随时承受打击的心态去面对一切，那么就会坦然许多。不是成功就是失败，成功了自然高兴万分，失败了也没有什么大不了，重新来过，只要享受了做事的过程，从中得到了启发，结果反倒显得不怎么重要了。

随时要有承受打击的准备，并不是让我们抱着一种得过且过的消极心态做事，而是告诉我们应该学会豁达。对自己太过苛刻，只会让一切变得更糟。

随时有承受打击的准备是一种精神，拥有这种精神的人，他们的心灵已经超脱了世俗的羁绊。拥有和失去对他们来说已经不再重要，他们更在乎的是拥有和失去带来的感觉。他们看淡了人生的悲欢离合，也不会执意去区分富有和贫穷。他们用心去享受生活，用感情去理解生活并接受生活。

随时有承受打击的准备，是一份淡定中的豁达。功名利禄只会成为人们心灵的一种负重，只会让人生失去本来的面貌。因为豁达，所以创业对于他们来说，不仅仅是一种赖以生存的方式，也是一种对于人生理想的追求，一种实现自我价值的方法，一种对于幸福生活的向往。它将人们的存在价值提升了一个档次，让人们的心灵得到了释放，也让人们更能掌控自己的命运，享受自己的人生。

创业是一种人生理想，随时拥有承受打击的准备是一种历尽千帆后的豁达，是一种读懂人生之后的淡定。我们可以去实现自己的人生理想，但是不能丢下准备随时承受打击的豁达，只有带着这份豁达去创业，我们才不会在历经失败之后一蹶不振，也不至于在身处绝境的时候信心全失。带着这份豁达上路，身处职场，我们会走得轻松许多。

掩卷私语

创业对于我们来说并不是一件很容易的事情，创业的过程其实就是一个随时遭遇打击、克服各种困难的过程。所以，我们行走在创业的道路上，就要随时有承受打击的准备，不要因为失败而轻言放弃，也不要因为摔跤而停止走路。

2. 不要太执著于营利

有人认为只要有钱，你就会拥有想要的一切：成功、名誉、地位，甚至更多的东西。就是这种“金钱论”导致创业的人太过执著于营利，以至于失去了体验创业过程中各种情况的耐心，让创业变得日益艰难。

试问，难道创业仅仅是为了赚取大量的金钱吗？如果我们去问一些创业者，他们创业的目的，相信得到的答案不仅仅是为了金钱而创业，他们将创业看作一种人生目标，将创业当作实现自我价值的一种方式，将创业看成一种远大的人生理想去实现。在他们的理念中，营利从来就不是他们最关注的东西，相反地，他们更喜欢创业的整个过程。

如果一个创业者太过执著于营利，就会被金钱迷惑了心智，以至于失去自己原本的信念，成为金钱的奴隶。这样不仅会让自己的创业变得艰难，同时也会让自己的生活变得沉重。

一个父亲下班回到家已经很晚了，他感觉很累而且烦。在门口，他看到他5岁的儿子正倚在门旁等他归来。

“爸爸，我可以问你一个问题吗?”孩子看见父亲后，很是高兴。

“当然可以。什么问题?”父亲说。

“爸爸，你一个小时赚多少钱?”

“这与你无关，你为什么要问这样的问题?”父亲生气地说。

“我只是想知道，请你告诉我，你一个小时赚多少钱?”孩子哀求自己的父亲。

“如果你一定想知道，我一个小时赚20美金。”

“哦。”孩子低下了头，接着又说：“爸爸，你可以借我10美金吗?”

父亲愤怒了：“如果你问这问题，只是想借钱去买那些毫无意义的玩具，现在你给我马上回到你的房间，上床好好想想，为什么你会如此自私?我每天长时间辛苦工作，没那么多时间和你玩小孩子的游戏。”孩子默默地回到了自己的房间，并关上了门。

父亲坐下来还在为孩子所提的问题气恼不休：“他怎么敢只是为了钱而问这样的问题呢?”过了一个小时，父亲终于平静了下来，开始考虑他刚才的态度是否对孩子太过严厉了，或许他应该给孩子钱，让他去买自己需要的东西，因为孩子并不经常找他要钱。于是父亲走到孩子的房门前推开了门。

"儿子，你睡了吗?"他问。

"没有，爸爸，我还没睡呢!"

"我想过了，我刚才可能对你太凶了。"父亲对儿子说，"我将今天的闷气都向你发泄了，这是你要的10美金。"

孩子高兴地坐起来："谢谢你，爸爸。"接着，孩子从枕头底下拿出一些皱巴巴的毛票。父亲看到孩子已经有钱，心底的怒火又要爆发。孩子慢慢地算着钱，然后抬头看看爸爸。

"为什么你有了钱还找我要?"父亲生气地问道。

"因为之前我的钱不够，现在已经够了。"孩子说，"爸爸，我已经有20美金了，我可以向你买一个小时的时间吗?请你明天早一点回家，我想和你一起吃晚餐。"父亲抱着自己的儿子，使劲地亲了亲，他眼中含着泪花答应了儿子的请求。

就像上面的故事中所讲，很多的人何尝不是因为忙于生活而疏忽了自己身边的亲人。即使生活让我们很辛苦，但是我们完全没必要为了营利而让故事中"儿子向爸爸买时间"的事情发生。我们没必要因为金钱而忽略我们最亲近的人。生活的幸福度，并不是依靠金钱的多寡可以评判的。

职场中虽然竞争激烈，创业也可以说是举步维艰，但是我们也不难发现，有很多人还是在商界开创了自己的一片天。他们做生意最在乎的并不是金钱的得失，他们讲求诚信，讲求合作共赢，他们乐意将自己的金钱拿来赞助慈善事业。虽然他们拥有的钱财并不一定比其他人多，但是他们却受到所有人的尊重。而这种尊重，是因为他们明白人生中最重要的绝对不是金钱、做生意，也不是营利，而是其他的东西。

不管我们是小生意人，还是大公司的管理者，都不应该太过执著于营利，有赚有亏才叫生意。我们应该听说过一个词吧——"共赢"，双方的胜利才是真正的胜利，两个人都获得了利益那才是值得让人珍惜的营利。生活不会给我们太大的压力，生存也并不需要太多的资金，创业其实是一种人生理想，只要拥有一颗淡定的心，不太执著于营利，那么我们也可以转动命运的轮盘，让创业的人生理想开花结果。

掩卷私语

太过执著于营利，只会让我们丧失本性，在金钱的诱惑下失去理智，渐渐地将会忽略我们人生中那些美好的东西。创业并不是很难，只要我们学会取舍，那么即使是漫步职场，淡定中也自有成功的足迹。

3. 学会为长久打算

创业不可以目光短浅，我们应该学会放长线钓大鱼。我们也应该知道，很多时候事情并不会按着我们的设想发展，虽然眼前的利益很诱人，但是我们必须学会为长久打算。

每个人都渴望成功，但是成功就好像是隐藏在许多小鱼里面的那条大鱼，要想获得这条大鱼，就要看作为钓鱼者的我们如何钓它了。要想获得这条大鱼，我们必须准备足够的饵，钓鱼的线必须足够长。首先我们要放弃许多上钩的小鱼，免得它们占据了空间，而没有足够的空间容纳大鱼。或许我们会花费好多的时间却仍不见它的踪迹，或许我们只需要花费不多的时间就可以将它钓到，但是不管是容易还是困难，我们都要有钓大鱼的思想，而这种思想就是创业能否成功的关键。

“人无远虑，必有近忧。”这句话相信任何人都知道。如果我们太过计较眼前的利益，而不会用长远的目光看问题，那么我们必然会因为这些眼前的小利而栽跟头。人们对于“便宜”几乎是没有任何免疫力的，并且很多人抱着“有便宜不占，那就是傻瓜”的想法，只要一见到眼前的便宜就去捡，根本不管自己这样的行为会对自己的以后有什么影响。于是，有些人因为贪小便宜被公司开除，因为贪小便宜被他人唾骂，或因为贪小便宜被人家找上门大闹……就因为一时的目光短浅，结果影响了自己以后的生活，根本就不值得。

有这样一个故事，一群老鼠爬上桌子准备偷肉吃，却因为动静太大惊动了睡在桌边的狗。老鼠们同狗商量，说：“只要你不声张，我们可以弄几块肉给你，咱们共享这美味。”面对如此大的诱惑，狗的贪欲和理智展开了拔河比赛：

贪欲：那肉散发出的香味实在太浓了，我已经好久没有吃过肉了，甚至连肉的味道也忘记了。如果我接受了老鼠们的建议，那么只要操作适当，我就可以长久有肉吃……狗露出了贪婪的神态，口水也流下来了。

理智：这肉虽然好吃，但是我是主人家的看门狗，这肉丢了主人一定会问我原因。第一次我说不知道，主人或许会相信；第二次主人会觉得我不尽职；第三次主人可能会认为是我监守自盗，那么，他就会将我赶走或者杀掉……狗激灵灵打个哆嗦，它的理智战胜了贪欲。

面对群鼠的诱惑，狗伸出自己锋利的爪子，朝它们吼道：“你们这些小偷，都给我滚，要是主人发现肉少了，一定怀疑是我偷吃的，到那时我就会成为案板上的肉了。”群鼠见狗不上钩，灰溜溜地夹着尾巴溜走了。

面对诱惑，我们是不是也会像故事中的狗那般产生一种矛盾的心理呢？没有人愿意轻易放弃触手可得的利益，但是要是这些利益是陷阱、是诱饵呢？难道我们就因为这一点小小的微利而葬送美好的前途吗？孰轻孰重，估计每个人的心里都有数吧！

有的人说，捡到篮子里的都是菜。如果我们一心只想抓大头，似乎是有些好高骛远，不切实际。但是从营销的角度来看，对于一个想有所作为的创业者来说，不应该老是只干捡菜的杂活，捡菜只会磨掉一个人的雄心，让他失去斗志。而抓大头的心理，正好适合创业者。以下的事例就可以告诉我们，放长线钓大鱼远比收小鱼获得的成效要高。

李光经过多年的努力，终于有了自己的一家小公司。他的经营理念就是：不放过任何一笔小生意。他告诉自己的员工，不能因为生意小就不做，要想公司尽快发展壮大起来，就必须从小处做起。在他的指导下，公司倒也像模像样的，虽然小生意不断，衣食无忧，但是就是做不大。公司稍有资历的员工，因为难有发展而相继离去。李光觉得自己的公司不像是一个公司，倒像是一个培训新人的机构，他陷入了苦恼之中。

张斌也开了一家小公司，他的经营理念是：不做则已，要做就做大生意！他这人目光太高，将一些小生意根本就不看在眼里，而公司里的每个员工，都是他精心挑选的，在他人的眼中，这个公司的员工和老板有一个共同点，那就是眼光太高。所以同行中，有人戏称张斌的公司是“空想公司”。谁知这个“空想公司”的老板还就真的钓上来了一条大鱼。有一家跨国企业要找合作者，也不知张斌用什么方法搭上了这条线，整个公司的人员奋斗了3个多月，最后终于将许多的竞争者击败，成为了那家企业的合作伙伴。而他们所得到的利润，自然不菲，随后他们公司又是搞扩展，又是组织员工出国旅游！

在以上的事例中，任何人都会觉得李光抓细节的理念是很正确的，但是作为一个创业者，目光不能太过短浅。表面上看来，张斌是一个不切实际、好高骛远的老板，但实际上，张斌的经营理念才更值得人们学习。只有将近处的蝇头微利忽略掉，才可以看到更远，更美好的东西。

目光短浅的人，虽然天天都可以赚到钱，但是他们对社会的贡献并不大，他们的一生可能默默无闻；懂得放长线钓大鱼的人，他们可能一天到晚都在工作，都在努力，看上去成功的希望并不会很大，但是他们一旦成功，将会给社会带来很大的贡献。要想干大事，就不应该把精力只用在小小的利益上，而应该学会用长久的眼光看问题。

掩卷私语

创业是有些艰难，有时候甚至在很长的时间内都不见得会有赢利。但是我们也没必要就因此而唉声叹气，我们应该从长远考虑，学会放长线钓大鱼，只有这样才能转动命运的轮盘，留下成功的足迹。

4. 伙伴比敌人更好

不管任何时候，伙伴总是要比敌人好。没有永久的敌人，也没有永久的朋友，身在职场，特别是决定创业的人，多个伙伴就等于多一笔生意，多一条路，多一次成功的机会。

创业之路上不仅困难重重，甚至竞争激烈。有竞争就一定有对手，但是未必所有的对手都是敌人，如果我们将他们当做伙伴，那么我们收到的就不仅仅是一份友情，或许会是一份成功的机会。在他们的帮助和鼓励下，我们更加容易实现自己的人生理想，和伙伴一起站在成功的舞台上，接受鲜花和祝贺。

成功的机会并不多，可是想成功的人却有很多，所以在这种情况下才会产生所谓的竞争。紧急关头身边突然多了个竞争对手，我们到底应该以自己所有的力量将其打败，还是走上前去和他们成为职场中的伙伴呢？

我们几乎每天都在为了生计而奔波，不管是身体还是精神大多都处于一种疲惫的状态。现实的残酷，让我们开始怀疑自己，怀疑别人，逐渐迷失自我，不知道这个世界上自己应该信任谁，也不知道这个世界上还存不存在真正的友谊。其实，我们感觉到的这些压力都是自己给的，与其在怀疑中无端挣扎，为什么不主动试试，反正竞争对手多得很，找几个化敌为友，就可以解除所有的疑惑了！多一个伙伴，其实也是一件好事情。但是要想让竞争对手成为自己的伙伴，并不是一件容易的事情。首先我们必须摆正自己的心态，或许对手会比我们资深，在同行之中他应该算是我们的前辈，他可能会有点瞧不起我们；也许我们的学历比他高，或者他身上有着我们很不喜欢的坏毛病；或者他有点小肚鸡肠，喜欢往自己脸上贴金……但是我们始终要记着一点：伙伴比敌人好。只要不是什么原则性的大问题，那么还是选择和对手做伙伴吧！

著名演员英格丽·褒曼在获得了两届奥斯卡最佳女主角金奖后，又因为在《东方快车谋杀案》中的精湛演技获得最佳女配角奖。然而，她上台领奖的时候，却一再称赞与她角逐最佳女配角奖的对手弗沦汀娜·克蒂斯。褒曼十分真诚地认为，真正获奖的那个人应该是这位落选者，并由衷地说："原谅我，弗沦汀娜，我事先并没有打算获奖。"

褒曼作为获奖者，并没有喋喋不休地叙述自己的成就与辉煌，而是对自己的对手推崇备至，且极力维护了落选对手的面子。无论谁是这位对手，都会感激褒曼，会认定她是值得倾心相交的朋友。之后，褒曼果然和弗沦汀娜·克蒂斯成为了好朋友，她们相互帮助，相互赞美，而两个人在演艺界的事业也很不错。

赞美并推崇自己的竞争对手，和他成为伙伴，不仅可以维护良好的人际关系，还能够安抚对方的心灵，让他摆脱相形见绌的感觉。创业最重要的就是要熟悉市场，消息要够灵通。光凭一个人，很难获得比较全面的消息，但是如果借助于自己的竞争伙伴，那么足以构建一个庞大的信息网。

“多一个朋友，多一条路”，想成功就不要总是想着把别人干掉，而是应该思考一下能不能与对方优势互补，成为战略伙伴。面对人生中的竞争，剑拔弩张只会把气氛搞得更加恶劣，尽量让友好的微笑来化解竞争带来的硝烟，给自己的对手一个笑容，其实也是一种自信的表现。只有那些底气不足的自卑者才会对自己的对手恶言相向，而他自己也往往会得到意想不到的惩罚。

一只青蛙看着自己的老鼠邻居很不顺眼，因为老鼠老是和自己抢地盘，并且经常在它们青蛙的合唱大赛上捣乱，说是吵到它休息了。于是，这只青蛙一直想找个机会教训教训它。一天，青蛙见到老鼠，就费尽口舌劝它到水里去玩。老鼠说自己不会游泳，怕淹死，所以不敢去玩。青蛙说自己有办法保证它的安全，于是它用一根绳子把自己和老鼠连在一起，老鼠终于同意一试。

下了水之后，青蛙大显神威，它时而游得飞快，时而潜入水底。把老鼠折腾得死去活来。老鼠最后被灌了一肚子水，泡胀了漂浮在水面上。空中飞过的鹞子正在寻找食物，发现了漂浮的老鼠，就一把将它抓了起来，而相连的绳子也把青蛙一同带了起来。吃掉老鼠后，意犹未尽的鹞子把嘴伸向了青蛙。在被鹞子吃掉之前，青蛙后悔地说：“没有想到把自己也给害了！”

故事中的青蛙和老鼠是一对竞争对手，青蛙本想置老鼠于死地，结果自己也搭上了性命。可见竞争还是存在一定的规律的，当我们将对手当做敌人，想尽办法要将其消灭的时候，也许我们自己也已经踏入了失败的门槛。

“鹬蚌相争，渔翁得利”，职场竞争中讲究策略，纵然我们有初生牛犊不怕虎的心态，一路将对手赶尽杀绝，但是我们也应该知道“木秀于林，风必摧之”，太过锋芒毕露，一定会成为众矢之的。为什么不和自己的竞争对手作伙伴呢？虽然有同行相忌的顾虑，但是同行们相聚在一起，拧成一股绳，那种力量也是惊人的，何况职场上，除了竞争还有共赢啊！

要想证明自己的能力，并不是将对手打倒在地，让他被迫认输，而是应该以一种更为智慧的温和方式，让他心甘情愿地佩服我们的能力，甘拜下风。没有竞争就不会有进步，既然竞争不可避免，那就将敌对的竞争方式改为伙伴间的共赢方式吧！

掩卷私语

宁愿做伙伴也不选择做敌人，这不仅是打工者的打工理念，也是创业者的经营理念。我们应该善待我们的竞争对手，让他成为我们的朋友，和我们一起进步，发展。

5. 路，是自己走出来的

路，是我们自己走出来的，无论前方是沼泽，是泥潭，我们都得自己去经历，去趟过，甚至是爬过。没有人可以替代我们走路，因为只有自己经历过，才能知道其中的滋味，才能留下或深或浅的足迹。

或许我们因为一些原因而走上了并不适合自己的岗位，做着自己并不怎么喜欢的工作，但是既然我们选择了，就不要再抱怨了。记得有句老话说："三百六十行，行行出状元。"虽然我们没有其他人资历那么深，也没有其他人那么聪明，但是我们至少可以在这行走出一条属于自己的道路。或许别人觉得我们不合群，甚至会嘲笑我们的举止太过幼稚，但是只要我们心里舒畅，何必太在意他人的评价呢？至少我们知道，那印在路上的每一个脚印，是我们带着一种什么样的心情留下的，有没有值得怀念的地方。

别人可以为我们指路，但是绝对不能替我们走路。因为只有我们自己才知道我们要去哪里，去那里干什么。别人可以参与我们的生活，却无法替我们生活。就好像我们没有理由将自己的工作交给别人来完成，比如娶妻、生子、赡养父母。自己肩上的责任就应该自己来扛，推脱责任是懦夫的行为，也是失败者才有的表现。

人生之路需要我们一步一步自己去走，而职场或者创业之路，也需要我们亲自去走。只有亲身经历了，知道其中的滋味，才能懂得什么是生活，什么是人生。历尽磨难后剩下的就会是一份淡定，淡定完全可以让我们转动命运的轮盘，在职场中留下成功的足迹。

掩卷私语

鲁迅说过："世上本没有路，走得人多了，也就成了路！"我们的人生之路，职场之路，何尝不是需要我们自己走出来的未知之路？不管怎样，我们始终要记得，路只有自己才可以走出来。

第七章 实现自己的理想
——打工也能成皇帝

每个人都有自己的理想，也总是盼着美梦能够成真。打工一族是职场中最常见的一族，他们不断地以自己的努力和奋斗演绎着自己的职场人生。只要我们存有远大的志向，能够及时抓住机遇，处理好与老板的关系，以十二分的认真对待工作，那么尽管是打工仔，我们也可以不断提升自己，到时候打工仔变老板也不再是一个神话，打工也能成皇帝也不再是一句空话。总之一句话，只要我们以淡定的人生态度行走在职场，那么我们就可以找到成功的足迹！

1. 打工仔也可以成为老板

打工仔也可以成为老板，一个安于现状，没有理想的打工仔是不会有多大出息的。其实职场是一个很好的舞台，它为人们的发展提供了广阔的空间，我们能否让自己的人生变得有价值，就看我们是否拥有一个自己的人生理想。

拥有一个理想并不一定会成功，但它是成功所需的必要条件。我们也可以发现许多人都在为自己的碌碌无为而哀叹，他们埋怨上天不给他们良好的成功机会，不仅如此，还老是和他们做对。真的是上天对他们不公吗？他们为什么就看不到自己的所作所为呢？他们总是喜欢安逸的生活，害怕奋斗，害怕改变。他们因为害怕这害怕那，结果一事无成，这也是顺理成章的事情。一个没有理想的人，他的一生也不会有什么成就。

拥有一个理想，是每个成功者必备的条件。为了这个理想而奋斗，为了这个理想而战胜一切困难险阻。一个理想可以成就一个人，如果我们想要成功，那么就先为自己树立一个属于自己的人生理想吧！

1911 年年底，那时候周恩来才 12 岁，他在沈阳东关模范学校上学。一天，魏校长亲自为学生上修身课，题目是“立命”。正当魏校长讲到精彩处时，却突然停顿下来，向全班学生提出一个问题：“请问你们为什么而读书？”教室里鸦雀无声，没有一个学生作出回答。“如果没有人回答，那我就一个一个问了！”

魏校长走下讲台，指着前排一个同学说：“你为什么而读书？”这个学生站起来挺着胸脯说：“为光耀门楣而读书！”魏校长点点头，又问第二个学生，回答是：“为了明礼而读书。”第三个被问的学生是一个靴铺掌柜的儿子，他很认真地回答说：“我是为我爸而读书的。”同学们听了哄堂大笑。校长对这些回答都不怎么满意，于是摇了摇头，他来到周恩来面前问道：“你是为什么而读书？”

周恩来在学生中的威信很高，在辛亥革命刚刚成功的时候，他在同学们中第一个剪掉了长长的辫子。这并不是一件简单的事，因为满清政府规定，所有汉人男子都必须像满族人一样留长辫子，以表示忠于清朝朝廷，不留辫子就要杀头。因此，同学们都非常敬佩他。周恩来站起身来，教室里静悄悄的，大家都在等待他的回答。周恩来非常郑重地回答道：“为中华之崛起而读书！”魏校长没有想到，竟然有这样出众的学生，心里非常高兴。他示意周恩来坐下，然后对大家说："有志者，当效周生啊！"意思是说，有志气的青年，都要向周恩来学习！

我们都知道，周恩来一直都为着"为中华之崛起"这个远大的理想而奋斗着，他先是响应了南昌起义，后来又成为中华人民共和国的总理，一辈子都在为人民的事业而奋斗。他的一生是辉煌的，他的人生是崇高的。一个人生理想，成就了他的一生。

理想是人们心中最深处永远惦记着的一件事情，我们出生在一个和平的时代，成长在一个没有战争的年代，比我们的父辈们少一点指点江山的雄心壮志无可厚非，但是我们却不能没有远大的理想。难不成我们的父母让我们读那么多的书，只是为了让我们一辈子碌碌无为，只能勉强度日而已吗？哪个父母不希望自己的儿女有所作为，难道我们一辈子只甘心做个打工仔，为他人做嫁妆吗？

生命的价值和生活的意义不仅仅在于获取物质上的满足，人们活着总该有点精神追求，有自己的理想，有人生目标。这个理想并不是非得建丰功，立伟业，但是至少应该让自身价值得到体现和认可。打工仔也可以拥有做老板的理想，即使刚开始没有足够的经验，没有足够的资金，但是只要理想一直存在，我们完全可以凭着自身的努力和奋斗，让我们的理想得以实现。这未尝不是一种实现自我价值的表现，或许在他人的眼里显得微不足道，但是至少我们知道，我们也可以让自己的理想得以实现，体现出我们的人生价值。一个人的理想和追求在一定程度上决定了他生命的质量和生活的高度，有了理想和追求才能让我们在黑暗中找到方向，身陷困境的时候拥有动力，在迷茫无措的时候能够看清脚下的路。

何涛本来只是一个很平凡的外地打工仔，但是梅子的出现却改变了他的一生。梅子是一个十分漂亮的姑娘，她刚来公司就对老实英俊的何涛产生了好感。何涛自然也是十分喜欢梅子，但是他知道梅子是大城市里的姑娘，想要娶到她并不容易。于是何涛为自己拟订了一个计划，3年内在这个城市拥有自己的房子和车子，然后就向梅子求婚。梅子听说何涛有这样的计划，自然大力支持他。

在任何人看来，何涛这个3年计划实现的可能性是很小的，根据他目前的经济收入，再奋斗10年也不会有自己的房子。但是何涛就是带着一股不服输的劲，不断提升自己的能力，先后跳槽到几家公司工作。在他的一番努力之下，真的在3年之内有了自己的房子和车子，当然也如愿抱得美人归。

何涛在他和梅子的婚礼上，真挚而深情地说了这样一番话，他之所以有今天的成就，完全是因为梅子。梅子的出现，让他有了自己的人生奋斗目标和理想，所以更清楚自己未来要走的路，只要有理想，成功总是会给每个人机会的。

我们何尝不是为了这样那样的原因在职场上奋斗着？或许是为了填饱肚子，或许是为了不让父母失望，或许是为了和自己心爱的人在一起……总之，每个人都有自己为之奋斗的理由。这些理由何尝不是我们自己的人生理想呢？为自己确定一个人生理想，以淡定的人生态度去为之奋斗，那么，我们就可以实现自己的人生价值，让打工仔变老板不再是一个梦！

掩卷私语

一个人在物质方面可以匮乏，但是他的精神却千万不能匮乏。不管我们是刚步入职场的新人，还是已经在职场沉浮多年的老手，都要有自己的人生理想，相信打工仔也可以成为皇帝，那么我们的人生就会美满许多。

2. 用十二分的心去工作

一个人能不能胜任自己的工作，除了他的能力之外，还在于他对待工作的态度。良好的工作态度可以决定我们的成败，它可以帮助我们避开职场中的各种陷阱，用十二分的心去工作，能让我们顺利到达成功的彼岸。

在职场中，存在着很多的“双面人”。他们面对老板的时候，总是显得尽职尽责，装作很忙的样子；但是一旦离开老板的视线，他就一改勤快的样子，只要是能坐着，就绝对不会站着，能躺着就不会坐着。他们原本是被老板很看好的，就是因为有着两种截然不同的工作态度，最终不仅失去了老板的眷顾，和加薪升职的机会更是擦肩而过。

一个人的工作态度能够折射出他的人生态度，而人生态度决定一个人一生的成就。一个人的工作，就是他生命的投影。这个投影是美是丑，是可憎还是可爱，全由我们自己一手操纵。一个懂得用十二分的心去工作的人，无论他现在是一个清洁工人或者是挑夫，抑或是一家大公司的管理者，他都会将自己的工作当做一项神圣的天职，并对工作怀着深切的兴趣，他是快乐而幸福的。

为什么总是有一些人抱怨自己生不逢时，难以施展抱负呢？难道真的是上天有意为难他们吗？其实，那些自怨自艾的人，他们之所以难以实现自己的理想，是因为他们根本就没有摆正自己的工作态度，在他们的心中产生了各种各样的自我怀疑和纠结，所以他们只会羡慕别人的成功，在别人享受成功的鲜花和掌声的时候，他们只会流着口水抱怨上天的不公平。他们心中的这些纠结，完全可以通过摆正自己的工作态度而顺利化解，只要肯用十二分的心去工作，他们也可以取得胜利，成为别人艳羡的对象。

袁涛心里真的很不平衡，明明自己在这家公司已经干了好多年了，为什么每次晋升的名单中总是没有自己呢！和自己一起进来的同事，他们有的已经晋升为公司的中级管理者了，没有晋升的都是那些离开的人。甚至有些比自己晚来的同事，也做了自己的上司。他觉得老天对他太不公平了，他也没犯过什么大错啊！不就是懒了点，喜欢将所有的工作累积下来一起做嘛；不就是上次翘班的时候被主管抓住了嘛；在公司会议上打了个盹；在接待客户的时候，不小心搞错对象了……但是都不是什么大不了的事情啊，也没有给公司带来什么损失啊！

袁涛来这个公司已经10年了，他把自己的10年青春耗费在了这里，但是这次晋升的名单里还是没有他的名字。袁涛决定向老总问个明白，人生能有几个10年，他不想在这里耗下去了。老总似乎早就知道袁涛的来意，只是告诉袁涛，说是公司不会阻止袁涛离开，因为公司也不愿再养一个不喜欢自己的工作，将工作当作苦差来做的员工。袁涛的人在公司，但是心从来没有真正放在工作上，所以升职从来都与他无缘。

正如以上事例中所讲，将工作当作苦差，不喜欢自己的工作的人，是永远不会有大作为的。在许多人看来，工作只是维持生计的一种无奈的需要，是一项不得不服的苦役。而很少有人会把工作看成一个可以锻炼自身能力的练习，一所训练塑造品格的学校。是因为他们不懂得，工作可以激发一个人内在的最优良的品格，让他们在奋斗、努力中去发挥出自己所有的才能，去克服通向成功路上的一切障碍。一个抱怨、鄙视自己工作的人，他的人生决不可能得到真正的成功。

人一生中最可怕的不是遭遇失败，而是不知道失败的原因。今天仍在职场上苦苦奋斗的我们，可悲的并不是我们没有进步，而是我们不懂得让自己获得进步。我们一会儿抱怨这个，一会儿又哀叹那个，时间在我们的抱怨和哀叹中慢慢消逝，而我们也迷失在抱怨和哀叹中，离成功的彼岸越来越遥远。我们为什么不让自己以一个良好健康的态度对待我们的工作和人生呢？只要以十二分的心去工作，工作总会给我们一些回报的。

萧萧自打上班的第一天起，就告诉自己一定要以十二分的心去工作。因为她自身的能力有限，先后换了好几家公司，最后不得不在一家文化公司做助理。这个助理的活儿没有什么技术上的要求，只要是一个身体健全，识字的人就可以胜任。对于萧萧来说，有点大材小用，但是萧萧却因为自己拥有这样的一份工作而自豪。她始终都以十二分的心去工作。

萧萧良好的心态以及工作态度，让文化公司的老总对她另眼相待。于是对她展开了一系列的考验，看她是否始终都能拥有这种良好的工作态度。萧萧果然没有让老总失望，不管是多么乏味的工作，萧萧都会很快乐地完成，并且完成得都很不错。于是，老总一句话下来，萧萧被委以重任，虽然她的能力有限，但是老总却请了许多专业人员来教她。当然，后来萧萧在老总的悉心栽培之下，成了该文化公司的骨干力量。

这个事例告诉我们，在职场中，有时候能力并不是最重要的，而重要的是面对工作的态度。能力可以后天培养，但是对待工作的态度并不是可以培养出来的。对待工作的那一份热忱，并不是每个人都具备的，那是源自对工作真正的喜欢，是难以假装出来的。用十二分的心去工作，以一种积极向上的态度对待自己的工作，我们就可以实现自己的理想，在淡定中找到成功的足迹。

掩卷私语

不管我们的工作是怎样的卑微，我们都应当以一种艺术家的精神去雕刻它，成就它，世界上没有卑微的工作，只有卑微的工作态度。以十二分的心去工作，那么，再卑微的工作也会变成最出色的工作。

3. 不要计较一时的得失

职场中不仅竞争激烈，同时还存在着许多的陷阱，而我们想要平安绕开这些陷阱，就要学会小心谨慎，当然也不要计较一时的得失。做人有时候太过计较，只会让我们失去更多。

人生之路上存在太多太多的事情，如果我们对每件事情都要加以关注的话，那么我们就会活得精疲力尽。人生有时候需要我们去精打细算，但是也没有必要一丝一毫都要较真，有时候太过计较一时的得失，反而会使自己陷入困境之中。《红楼梦》中评判王熙凤的话有这样一句"机关算尽太聪明，反误了卿卿性命"，也是在提醒我们，做事时斤斤计较，倒不如大方一些，哪怕是彰显一下自己的大度也好，这样，不但不会让自己损失什么，反而会因为我们的大度赢得别人更多的认同和尊敬。

或许会有很多的事情让我们很生气，让我们觉得无法忍受，但是我们一定要大气点，要不然受伤害的只会是我们自己。任何人也不能替我们伤心、难过，如果事情可以通过谈话或者其他的方式解决，那是最好的；如果无法解决，我们就应该自己想开些，安慰自己："其实并没有什么大不了的啊！"只要懂得放下一时的得失，那么一切就真的没有什么大不了的！

很多时候，一些事情并没有我们想象中那般糟糕，关键在于我们对待这些事情的心态，如果我们拥有一个乐观向上的心态，那么阳光就会停驻在我们的心间；如果我们的心态是乌云密布，那么迎接我们的就会是瓢泼大雨。在面对事情的时候，没有必要计较一时的得失，学会大气一些，自己也可以生活得更开心一些。

安平用了大半生的积蓄，在退休之后开了一家属于自己的汽车维修厂。他做生意讲求诚信，并且告诫自己的员工，一定要大气一些，不要在一些小事上斤斤计较。前不久，他和某运输公司联系了一笔业务，本来订金都交了，但是没过几天，该运输公司却要撤销业务，说是他们找到了另外一家价格比较便宜的维修厂合作。维修厂的员工都替老板打抱不平，说这家运输公司的人也太不守信用了，决定在他们来拿订金的时候，瞒着老板给他们点颜色看看。安平知道后，赶忙制止了员工们的行为，并且向该运输公司的人赔礼道歉。

谁知第二天这家运输公司的人又来找安平，说一来是为了道歉，二来是为了谈一笔生意。原来这家运输公司想找一个长期的合作伙伴，但是他们发现很多维修厂的老板都喜欢斤斤计较，他们公司有很多汽车，一年下来，需要花费很大的一笔维修费，他们也不愿意为了一笔维修费老是和他人计较，于是就想找一个大气一点的老板合作。结果，安平通过了他们的审核，因为只有安平将订金如数退还给了他们，并且没有恶言相向。

安平因为没有计较一时的得失，所以他才顺利地通过了运输公司的考核，然后获得了与其长期合作的资格。面对事情的时候，我们没必要太过计较一时的得失，我们越是计较，我们失去的也就越多。人们一生大部分的时间都是在职场中度过的，遇到的事情各种各样，面对上司的刁难，同事的排挤，或者是顾客的谩骂，我们应该怎么办？是以牙还牙，拼个鱼死网破，还是一笑置之，大事化小，小事化无呢？

无论是在哪里，只要是有竞争的地方就会有得失，但是一个生活幸福，职场成功的人，他是不会计较一时的得失的。他们更懂得大气的可贵，更懂得大气地面对周围的一切。大气是一种淡定的人生态度，只有大气，不计较一时的得失，才可以让我们发掘自己的人生价值，实现自己的人生理想。

很久以前，有一个守塔人，他孤零零的一个人待在一个荒岛上，岛上除了乱石和他，就只有一座塔。20 多年，他就一直守着那座灯塔，为过往的船只指引航道。一个风雨交加的夜晚，他隐约听到了船只的鸣号。凭着几十年的经验，他知道，若船再向前行使 50 海里，就会触礁沉没。于是他赶紧跑向灯塔，燃起火把并把它升到最高处，指引船只避过暗礁。风停了，雨住了，船长走上荒岛，发现岛上只有他一个人，不禁感慨万分，随即紧握住守塔人的双手说：“跟我走吧，这儿的生活太单调太苦闷了，我带你去另一个地方，每月付给你 3000 美元的酬金。”守塔人却淡然一笑：“10 年前，有个船长也这样对我说，并允诺会给我 3500 美元的酬金。”船长没有再说话，然后就静静地走了。守塔人继续留在那个孤岛上，为来往的船只指引航道。

有许多人会认为故事中的守塔人真的不应该放弃可以得到 3000 美元酬金，离开这个孤岛的机会。只要他答应了船长的邀请，离开这个孤岛，他就可以来到热闹的城市中，享受美好的生活，他还可以建立一个自己的家庭，享受到儿孙绕膝的天伦之乐。但是他却拒绝了，他选择了为他人带来希望时的欢愉。他选择了灵魂独处时的恬静，他的选择让他得到过往船只和这茫茫大海的尊敬。名利对他来说已经一文不值，在面对人生的抉择时，他放下了一时的得失，反而成就了自己的人生。

当今社会，人们总是抱怨自己失去的太多得到的太少。可是我们可曾想过，如果人人都计较一时的得失，那么谁还会付出？没有付出就想获得回报，是根本不可能的事情。生活中太过计较就不会幸福，职场中太过计较就难以成功。面对人生，我们应该保持一种淡定，这样才能生活得轻松快乐一些。

掩卷私语

平心而论，与人交往很难做到完美，总有不尽如人意的时候。那么，我们就要学会大气，学会宽容，学会豁达。不要计较一时的得失，以淡定的心态去面对人生，就算是在竞争激烈的职场上，我们也可以获得一席之地。

4. 处理好与同事的关系

身在职场，和我们接触最多的就是同事，最了解我们的也是同事。和同事处好关系，是一个人在职场上站稳脚跟，获得一席之地的必备条件。

对一个身处职场的人来说，每天和我们相处时间最长的人到底是谁？答案不是爱人，不是父母，也不是朋友，而是同事。作为上班族，早上一睁开眼，便急急忙忙赶去与同事见面；直到夜幕低垂，才满脸倦意地与同事互道“再见”。

同事，顾名思义，就是在一起做事的人。假如事情完成得不怎么好，那就叫做事；事情要是完成得好，那就成了事业。由此可见，同事对于一个人是多么重要。我们每个人都希望自己能在公司受到众人的喜欢，在这个大集体中创造出和谐友好的人际关系。因为只有这样，我们才能在职场当中更好地互相依存、通力合作，从而实现自我的价值。

同事之间完全可以融洽和睦，没必要因为竞争而搞得剑拔弩张。如何与同事相处是一门学问，只要我们步入职场，就难免与人接触，人和人之间发生这样那样的摩擦是很平常的事情。同样，同事相处没有一点小误会是不可能的，但是千万不要因为一些小误会而互成仇敌。在我们的工作中，和我们相处时间最长的是同事，我们工作认不认真，知道得最清楚的也是同事，同事在我们的职场中所扮演的角色是无法忽略的。一个不懂得和同事相处的人，即使他的能力再好，他的工作再认真，他也可能会和升迁的机会擦肩而过。

安迪和艾尔同时应聘到一家公司做文员。安迪人长得很漂亮，但总是给人一种高高在上的感觉。面对同事也是冷冰冰的，一副爱理不理的样子，同事们送她一个“冰美人”的绰号。艾尔没有安迪漂亮，她天生长了一张娃娃脸，还有点婴儿肥，但是对人总是很和气，加上她爱笑，所以同事们称她“开心果”。

安迪虽然现在是文员，但是她当时是冲着文秘一职而来的。人事经理告诉她，因为安迪和艾尔都符合应聘条件，因为一时难以取舍，为了公平起见，才让她们都做文员的，但是只要试用期一过，就会有一个人被升为文秘，而另一个再作安排。所以，安迪将艾尔当做自己最大的竞争对手。在上班的第一天她就特别留意艾尔，当她看到艾尔的娃娃脸时，却忽然松了口气，因为她知道起码在外表上艾尔是比不上她的。只要在试用期，她将自己的能力完全展现出来，文秘的职位就一定是她的。艾尔当然也知道自己的竞争对手就是那个漂亮的安迪，她明明知道自己的外表比不上安迪，但是她并不泄气，她只是尽力地去做自己。

试用期很快就到了，公司却出人意料地聘用了艾尔做文秘，而安迪一气之下离开了公司。原来，安迪和艾尔的能力都很强，在难以取舍之际，老总决定听取一下众员工对两个人的印象。结果可想而知，“开心果”自然比“冰美人”更受同事们的欢迎。所以，艾尔就理所当然地成为了胜利者。

这种事例是很常见的，很多人会因为一些原因，觉得自己优于他人，于是就看不起自己的同事。作为一个职场人，要想有所作为，就要始终记住，同事和我们的地位是平等的，他们既可以是我们亲密无间的朋友，也可以是我们旗鼓相当的对手。如何与同事相处，让他成为我们事业中的助力还是阻力，那就要看我们自己是否能够正确处理与同事的关系。以下有一些小建议，可以帮助我们和同事和谐地相处下去。

（1）索取和给予是等同的

我们经常会听到一些人抱怨自己的同事，大骂同事如何不够朋友，如何在关键时刻袖手旁观，甚至落井下石。可是我们有没有想过，同事为什么会这样对待我们？我们是否也在他们陷入困境的时候袖手旁观，或者做过落井下石的事情？没有人应该无条件地对我们好，我们要想同事对自己好点，那么我们就应该先给予他们温暖和善意，只有这样，我们才能够得到温暖和善意。

（2）以一种宽容的态度面对同事

每个人或多或少都存在一些缺点，在与同事交往的时候，我们应该自觉注意自己的言行，充分尊重他人的兴趣和爱好。即使是同事的身上存在着我们难以容忍的缺点，我们都应该宽容一些。宽以待人，我们的宽容一定会赢得同事的友善。

学会正确地和同事相处，借助他们的力量提升自己。其实，职场的生活并不可怕，同事之间也可以相亲相爱，如何将同事变成自己工作发展的一大助力，那就看我们自己的选择了。以一种淡定的态度面对同事，和他们一起进步、发展，那么，在职场这条人生之路上，我们的脚步就会轻松很多，而我们的理想也能够得以实现。

掩卷私语

职场里的同事既是对手，又是同盟。当我们和同事面对晋升、加薪等而成为竞争对手时，我们需要做的应该是抛开杂念，保持淡定，达到双赢的目标。

5. 眼明手快地抓住时机

遇到时机的时候要做到眼明手快，只有善于抓住机遇的人，才可以实现自己的理想，在职场中走得轻松自在。

成功实在是人人都想的一件事情，但是在通往成功的道路上，往往也会出现这样那样的拦路虎，陷阱、泥潭更是多不胜数。但是有句话说，“福兮祸所伏，祸兮福所倚”，可想而知，在这些拦路虎或者陷阱、泥潭的旁边，就有我们梦寐以求的成功机遇。遇到机遇一定要做到眼明手快，及时抓住机遇，因为有时候抓住了机遇就是抓住了成功。

古希腊有一位名叫苏格拉底的大学者。一天，他带领几个弟子来到一块麦地边。那时正值麦子成熟，满地都是沉甸甸的麦穗。苏格拉底对弟子们说："你们去麦地里割一株最大的麦穗，只许进不许退。我在麦地的尽头等你们。"弟子们听了老师的要求后，就陆续走进了麦地。

地里到处都是大麦穗，哪一个才是最大的呢？弟子们埋头向前走。看看这一株，摇了摇头；看看那一株，又摇了摇头。他们总以为最大的麦穗还在前面呢！虽然弟子们也试着摘了几穗，但是都不能使自己感到满意，于是随手扔掉了。他们总以为机会还很多，完全没必要过早地定夺。弟子们一边低着头往前走，一边用心地挑挑拣拣，经过了很长一段麦田。

突然，大家听到苏格拉底苍老、如同洪钟一般的声音："你们已经到头了！"这时两手空空的弟子们才如梦初醒。苏格拉底对弟子们说："这块麦地里肯定有一穗是最大的，但你们未必能碰见它；即使碰见了，也未必能作出准确的判断。因此，最大的一穗就是你们刚刚摘下的那个。"

苏格拉底和他弟子们的故事，可以告诉我们这样一个道理：人的一生就好像是在麦地中行走，每个人都想找到并拥有那最大的一株麦穗。有的人见了颗粒比较饱满些的"麦穗"，如果他能及时摘下来，那他就拥有了这株麦穗，虽然并不一定是最大的那株；而有的人则犹豫不决，老是想着最大的，结果却错失良机，一无所获。人的一生中会遇到很多机遇，我们唯有好好把握，遇到时机的时候做到眼明手快，才不至于留下太多的遗憾。

有些人总是抱怨没有成功的机会。其实，生活处处都充满着机会，只是我们看不到而已。为什么看不到呢？因为我们个人经验的不足和能力见识有局限，也使机会的定义变得十分有限，有限的认识会让我们看不到很多隐藏起来的东西。更何况，机会很少会以同样的面貌多次出现，这也是我们很少看到机会的原因。

在机会面前，我们不应该做一个宿命论者。不管机会如何变脸，也不管它怎样隐藏，我们始终都要保持一颗淡定的心，我们可以顺应情势的潮流，主动地改变周围的环境，创造出成功的机会。机遇可以改变一个人的命运，只要我们善于抓住机遇，我们就可以扭转自己的命运，跻身于成功的舞台上。但是一旦错失机遇，那么，等待我们的往往是难以预料的结局。

有一个故事，说的是一个父亲试图用金钱赎回在战争中被敌军俘虏的两个儿子。这个父亲愿意以自己的生命和一笔赎金来救儿子。但他被告知，只能以这种方式救回一个儿子，他必须选择救哪一个。这个慈爱而饱受折磨的父亲，他是那样地渴望救出自己的孩子，甚至不惜付出自己的生命。但是在这个紧要关头，他却无法决定到底要救哪一个，牺牲哪一个。就这样，他一直处于两难选择的巨大痛苦中，结果他的两个儿子都被处决了。

这个故事告诉我们，面对机遇一定不要犹豫不决，否则我们就会错失良机。成功有时候只在一瞬之间，主要看我们能不能及时抓住机遇。

在职场中，我们所遇到的机遇是何其多，但是事实却并非我们想象中那般神奇，上天对每个人都是公平的，在机遇的旁边总是会放置着一个陷阱或者一只拦路虎，只要我们能够及时抓住这个机遇，并合理运用，那么凭借它，我们不仅可以绕过陷阱，打败拦路虎，而且还能向自己的目标迈近一步。但是，不懂得珍惜机会的人，就会掉入陷阱，或者被拦路虎吃掉。

只要我们善于观察，就会发现机遇每天都出现在自己的身边。比如老板交给我们的工作，只要我们做得好，就可以增加老板对我们的好感，那么，我们升职或者加薪的可能性就会大一点；我们今天和顾客谈成了一笔小生意，顾客很喜欢和我们合作，那么，下一次就有机会和该客户谈成一笔大生意，获得的报酬自然会更多些；我们无意中看到一个人开网店赚钱了，那么，下一个开网店赚钱的或许就会是我们……总之，处处都是机会，主要在于我们能否及时抓住。一切现状都是可以改变的，只要我们真正用心去做，将自己的潜能充分挖掘并发挥出来，我们就一定可以抓住机遇，改变现状。

所以，请永远不要忽略任何一次机会，如果我们能够及时抓住机遇，那么，我们很有可能就是改变并创造历史的第一人。

掩卷私语

好运不可能眷顾一个人一辈子，但是机遇却会随时出现在一个人的身边。淡定的人生不寂寞，我们面对时机应该做到眼明手快，抓住职场中的那些细节，那些机遇，唯有这样，才不至于让生活留下遗憾，才可以在职场中走得轻松快乐一些。

第八章 感悟人生的真谛
——追求自我的人生态度

人生其实有时候很简单，即使我们的道路曲折，即使我们的人生充满着挫折，但是如果我们拥有一份淡然的心境，那么我们的人生也可以过得很简单，很多事情也就不会再是那么艰难。让我们做一个内心富足的人，感恩自己所拥有的一切，不要害怕吃亏，也不要害怕辛苦，不断地提升自己的个人修养，并且学会在痛苦中寻找快乐，在辛苦中品尝幸福，过一段真正快乐而又美好的人生。

1. 富有并不是指金钱

富有并不一定是指金钱，钱币只是我们财富的表现形式。其实富有的实质很多时候只是一种观念，一个人的内心富足可以是富有，一个人四肢健全也可以说是富足，只要懂得珍惜我们所拥有的，我们就是富有的人。

怎样才算富有？可能这是我们每个人都会思考的问题，而且在我们的人生中每一个人也都在追求着富有。有些人认为有钱就是富有。但是不是有钱就可以买到一切。我们要知道，在这个世界上很多东西都不是可以用钱买到的，例如亲情、友情、健康、爱情等，这些美好而又在我们生命中不可缺少的东西，不管你花多少钱都是买不到的。

有一位青年，老是埋怨自己时运不济，发不了财，终日愁眉不展。这一天，走过来一个须发皆白的老人，问："年轻人，为什么不快乐？"

"我不明白，为什么我总是这么穷。"

"穷？你很富有嘛！"老人由衷地说。

"这从何说起？"年轻人问。

老人反问道："假如现在斩掉你一个手指头，给你1000元，你干不干？"

"不干。"年轻人回答。

"假如斩掉你一只手，给你1万元，你干不干？"

"不干。"

"假如使你双眼都瞎掉，给你10万元，你干不干？"

"不干。"

"假如让你马上变成80岁的老人，给你100万元，你干不干？"

"不干。"

"假如让你马上死掉，给你1000万元，你干不干？"

"不干。"

"这就对了，你已经拥有超过1000万元的财富，为什么还哀叹自己贫穷呢？"老人笑吟吟地问道。青年愕然无言，突然什么都明白了。

其实，在我们的人生中，很多时候我们都会像故事中的那个青年一样，以为自己没有钱，认为自己时运不济，总是郁郁寡欢。但是我们却不知道，与有些人相比其实我们很富有。

与那些垂垂老矣的人相比，我们青春而有活力，我们拥有着年轻的生命；与那些死去的人相比，我们依旧还可以看到明天的太阳，我们拥有着最珍贵的生命；与那些身有残疾的人相比，我们四肢健全，行动自如；与那些失去光明的人相比，我们拥有完好的视觉，我们可以看到这个美好的世界；与那些没有亲人的人相比，我们生活在温馨的亲情世界，我们拥有着亲人的关怀与爱护；与那些没有朋友的人相比，我们拥有着朋友之间的肝胆相照，我们拥有着真挚的友谊；与那些没有妻儿的人相比，我们拥有着温柔的妻子，可爱的儿女；与那些整天要出差的人相比，我们可以在办公室吹吹空调休息休息，我们拥有着闲暇的时间……其实，只要我们拥有上面所说的其中一种，我们都可以说自己是富有的人。看到这儿，你还会觉得自己贫穷吗？

其实，在我们的生命中，很多时候并不是我们真正贫穷，而是我们缺少那颗富足的心。所以，我们不断地去追求物质，不断地通过自己的欲望去填充自己的心灵，可是奋斗了那么久，努力了那么久，我们还是觉得自己一贫如洗，这究竟是怎么一回事呢？事情很简单，那就是我们还没有真正懂得人生的富足的含义，是我们的内心太空虚，是我们不知道满足，所以，我们一直觉得自己很贫穷。

一位叔叔领着侄子到北方某医院看眼疾，由于手术费太高，无力承担，他们只好沿街乞讨。

某报记者获知此情况后，就他们的处境写了长篇报道刊发在报纸上，呼吁社会各界给他们叔侄俩以帮助。

这篇报道刊出的第二天，就有许多人来报社捐款，其中竟有一个下岗工人，领着自己残疾的儿子也来捐款。报社记者趁机采访这位下岗工人，问他为何在自己如此窘迫的情况下还要去救助别人。

那位下岗工人岁数并不大，但看起来苍老了许多。他只说了一句话，却让那位记者回味了许久：当我看到被救助的人眉头舒展开的那一刻，我感觉到了自己内心的富有。

这是多么朴实的一句话啊，但是却道出了人生的真理，以及他对人生富有与否的最真诚的解释。是啊，金钱那些东西有时候就像是浮云一样，一个人只要感觉到他内心的富有，那么他才是世界上最富有的人，这个富有与金钱无关，跟地位无关，跟一切的外在条件无关，只关乎我们的内心。

如果，在我们早上醒来的时候还发现自己可以自由呼吸，那就告诉自己，我们很富有，至少我们比一早见不到太阳，不能呼吸的人要富有，因为我们还拥有着生命；如果我们今天能够接到亲人打来的电话，那么就告诉自己，自己很富有，与那些没有亲人的人相比我们还拥有亲人的关心……看看自己所拥有的，珍惜自己所拥有的，那么我们就是一个富有的人，如果我们能够勘破富有和贫穷，让自己的心也富足起来，我们就会成为这个世界上最富有的人。

掩卷私语

看看自己的身边，想想自己所拥有的东西，我们为什么还要不快乐呢？我们还有什么理由去说自己贫穷呢？其实，我们每个人都很富有，只要我们拥有一颗富足的心，那么，不管外界条件如何，我们都是这个世界上最富有的人。

2. 职场也追求一种修养

跟生活一样，职场也追求一种修养。在我们的职业生涯中如果我们能够时时注意提高自己的修养，不断地去修炼自己，不断地去提升自己，那么，在职场中我们也可以做到如鱼得水，游刃有余。

在我们的现代生活中，似乎越来越多的人开始注重自己的修养，越来越多的人在想方设法地提升自己的修养。其实，不仅是在我们的生活中这样，在职场中越来越多的公司也开始注重员工的个人素养问题，因为在他们的意念里，一个有修养的员工总会给公司带来或多或少的利益，就算是带不来利益但是也不会给公司造成损失。所以，在职场也要追求一种修养。

古人云："君子不可不修身。"一个人性情的修养，不是为了别人，而是为了自己增强生活能力。在职场，只要我们想有一番作为，就不得不提升自己的修养，以适应职场的风云变幻；在职场，只要我们想一直生存下去，那么我们就不得不提升自己的修养，因为有时候个人的修养好坏还会关系到我们事业的成功与失败。

有这样一个故事，有两个大学生，他们出自名校，毕业于计算机系，在班级里面成绩优秀，很有天赋，被一家有名的电子企业用高薪录用，当时很多同学都非常羡慕他们。这本来是一件很美好的事情，但是过了不久却传出了他们被公司解聘的消息，他们的同学都百思不得其解。按理说，他们两个人的基础知识很扎实，并且技术方面也很过关，是难得一见的人才，为什么短短几个月就被解聘了？后来才知道，他们两个在进公司后凭着自己学历高，技术又硬所以趾高气昂的，连领导也不放在眼里，招来了同事以及上司的极度不满。有一次，他们两个因为粗心，遗失了公司价值3万多元的设备，公司领导批评他们，可他们却振振有词，以"学生犯错是常事"的借口为自己开脱责任，并且没有任何认错的迹象，所以他们被解聘了。

可能我们看到这个故事觉得有点不可思议，但是不可否认，在我们的生活中这样的事情也屡屡发生，很多时候有些人被自己的公司解聘并不是因为他们的技术不过关或者知识欠缺，更多的是因为他们自身素养的不到位，以及做人方面的不成熟。那么，既然一个人的修养在职场中如此地重要，那我们应该怎样去提高自己的修养呢？在职场中我们应该怎样做呢？

（1）不要自视过高

不管我们是毕业于名校的高才生，还是普通的大学生，我们都不要把自己看得过高，在自己的工作中趾高气昂，目中无人，这是在职场中最忌讳的。我们要知道，天外有天，人上有人，每一个人都有自己的长处，每个人也有别人所不具有的技能，所以，不要轻看任何一个人，也不要过高看待自己。在职场中我们要懂得何谓谦逊，何谓虚怀若谷，不要把自己捧得太高，也不要把自己当作是领导。

（2）做自己力所能及之事

在职场中我们要知道自己的能力，要按自己的能力做事，不要轻易许诺别人，也不要随便答应那些自己做不到的事情。如果我们答应了一些事情就必须竭尽全力做到，因为职场有时候很残忍，有些机会也只有一次。如果我们得到了机会，而因为自身的一些原因没有把握住它，那么我们后悔也没用，有时候还会葬送自己的前途。所以，在职场中我们做自己力所能及之事很重要，就算是做一个平凡无奇的人，也不要做一个只会夸海口的人，因为平凡我们可以被容忍，但是欺骗别人，吹嘘作假却是万万不被容忍的。

（3）不要轻易求人

职场也有自己的规则，所以在职场中我们想要明哲保身就不要去轻易求人，也不要陷进别人相互争夺的那个圈子。要知道天下最难还的就是人情债，特别是职场中的人情债，因为复杂的职场有时候可能会因为我们的一个人情将我们卷进不知名的旋涡里面，让我们想抽身也不易。

(4) 不要强加于人

我们都清楚这句话，己所不欲，勿施于人。在职场中我们千万不要强求别人去做一些事情，也不要刻意去陷害某一个人，因为职场是个风云变幻的地方，我们谁也不知道下一秒是谁的天下，所以，在职场中我们要学会安分守己，不强求别人。

(5) 不要诋毁别人

诋毁别人的人，自己的品质也好不到哪里去，尤其是在自己的上司面前不要诋毁别人，要知道，在我们诋毁别人的同时，上司也在考察我们的品质以及我们的修养。我们要有一颗感恩的心，要有一种赞赏别人的态度，这样我们才能在职场中保持良好的人际关系，也才能在自己的工作中学到更多。

(6) 控制自己的情绪

不管是在生活中还是职场中，情绪对我们来说都很重要，一个能够控制自己情绪的人才能驾驭自己的生活，驾驭自己的工作。所以，在职场中我们想要更好地发展，就要学会控制自己的情绪，做情绪的主人，不要让情绪干扰我们的职场生涯。

掩卷私语

要想在职场中安全地生存下去，要想在职场中有所建树，要想在职场中脱颖而出，我们就必须时时地提升自己，不断注重自己的修养，不断地提高自己的修养，因为职场也追求一种修养。

3. 自己的诺言自己兑现

如果我们想要有所作为，想要在这个社会中脱颖而出，我们就必须学会遵守自己的诺言，完成自己对自己的承诺。

在我们的人生中，我们可能对自己有很多的要求，也对自己有很多的期望，我们常常给自己定着目标，也许着承诺，不管是生活中的一些小事还是工作中的一些事情，我们都喜欢给自己一个想法。可是很多时候想法有了，目标也定了，承诺也许了，但是我们却很少去真正地实现，因为我们忘了去行动、去坚持以及去坚守。所以，我们的人生中也就多了一些遗憾，我们对自己也就多了一些抱怨。但是，如果我们能够把自己对自己的承诺兑现，能够把自己给自己的任务完成，那我们生命中的那些遗憾、那些抱怨可能会少一点，那么我们的一些愿望可能也就会不难实现。

其实，在我们的社会中，如果我们有心就不难发现，那些一生有所作为的人，都是能够兑现自己对自己的诺言的人，他们很注重那些生活中的细节，以及自己的一些想法，并且他们也是身体力行地去完成自己的那些目标。

有一天，齐白石的家人看到齐老待在画室里一直没出来，心里很是担心，齐老毕竟是85岁高龄了啊。按照以往的习惯，齐老是应该出来活动活动了，今天怎么在画室里闷了那么久呢？

家人推门进去，齐老一个劲地喊："去去去，别来打扰我，我今天任务还没完哪!”家人看到画桌上已摆了4张新画。齐老每天只画一幅画的啊，今天画了4幅怎么说还没完成任务?

过了好一会儿，家人再推门进去，看到齐老趴在桌子上，使劲地想起身，想伸伸懒腰，因为过度劳累，差点摔倒了。家人连忙去扶，看到旁边摆了第五张画，画上还题了一款：“昨日风雨大作，心绪不宁，不曾作画，今朝制上一张补充之，不教一日闲过也。”

原来齐老曾经给自己制了一个规定：不论刮风，不论下雨，不论访者再多，不论事情多忙，每天必须画一幅画，不教一日闲过。

可是，毕竟齐老不是小伙子啊，如此高龄，又如此辛劳，万一累着了如何是好?所以，家人就说：“不就是一天不画嘛，干吗这样苦自己?”

齐老说道：“你这是什么话啊?自己制的规定，自己违反，对自己都不讲信用，自己的诺都不守，那还能干什么事情?今天本来我只画两张就补上了昨天的任务，但我昨天不守诺，所以，我得重重处罚自己一下。”

可能看到这个故事，我们会有所惊讶，齐白石那么大的年纪，还对自己当初对自己的许下的诺言那么执著，不顾自己的身体也要坚守。要知道，在我们的社会中不守对别人的诺言的人是何其多，更不用说是不坚守对自己的诺言的人，那么我们可能数都数不完。

的确如此，在我们的生活中总有那么一些人天天对自己许着诺言，也天天撕毁着自己的诺言。“从今天起，我一定要努力学习，好好读书，再也不跟自己的朋友一起出去鬼混了。”我们对自己这样说，可是用不了多久，当我们听到外面有一只小鸟在唱歌，篮球场上也有很多的人在吵闹时，我们就管不住自己的那颗心了，那颗痒痒的心不知道何时已经飞得无影无踪了，就更不用说是看书了，连神也回不过来了。“从明天起我一定不会再赖床了，我要做一个勤快的人，早上要去锻炼身体。”我们也这样告诉自己，但是到了第二天，太阳已经高高挂起了，我们听着自己定的闹铃一直在不知疲倦地吵闹，我们忘记了自己许下的诺言，所以义无反顾地按掉闹铃，又蒙头大睡了。“明天我一定要回家一趟，看一下爸妈，不能这么不孝顺。”听着爸妈那头苍老的声音，我们似乎是良心发现地告诉自己，可是到了第二天，自己的爱人一叫，就已经把昨天对自己许下的诺言抛到了脑后，跟自己的爱人约会去了。“明天我一定要去找一份工作，不管是端碟子还是洗碗，不管是背水泥还是抱砖块，再苦再累也不怕。”我们也这样告诉自己，可是到了第二天，我们看着毒辣的太阳，想着餐厅里面堆积如山的碟子，我们退却了，直接约朋友又去 K 歌……就这样，我们不断地对自己许着承诺，也不断地撕毁着自己的承诺，反反复复，时间就那样过去了，最终我们也是一无所获，也没有任何的前进，依旧在原地踏步。

是谁的错？是谁使我们的生活没有任何的改善，我们的事业没有任何的起色？是上天的错吗？不，不是任何人的错，错的只是我们自己。如果我们对自己许下了好好读书的承诺，我们去坚守它，去兑现它，那么我们可能已经功成名就，也可能是学富五车；如果我们对自己许下了早点起床，锻炼身体的承诺，如果我们去兑现了，那么可能我们就拥有了一个良好的习惯，我们的身体也会好上很多；如果我们许下了孝敬父母的承诺，我们去实践了它，那么我们可能就会有一个令人羡慕的家庭；如果我们许下了好好工作的承诺，我们去兑现了它，那么我们的事业可能一帆风顺，我们可能会大有作为。

所以，不再去撕毁自己的承诺，也不要再去丢掉自己的承诺，努力去实践它，去坚守它，去完成它，那么我们的理想的实现也就不会那么遥遥无期，我们的人生也就不会有太多的遗憾跟抱怨。

掩卷私语

守住自己对自己的承诺，兑现自己对自己的诺言，让我们做一个一诺千金的人，不管是对别人还是对自己。如果我们做到了，那么我们的人生就不会有那么多的遗憾，我们的理想也就不会离我们太远。

4. 很辛苦却很快乐

在我们的人生中，其实开心与快乐不在于我们所处的环境，所经受的事情，更多的是来自我们的内心，如果我们内心感觉快乐了，那么就算是我们生活辛苦，日子过得艰辛，我们也不会感觉到任何的痛苦，因为痛苦与开心很多时候只是一步之遥。

有人说，快乐，是一个人从较小的圆满到较大的圆满的过渡；痛苦，则是一个人从较大的圆满到较小的圆满的过渡。所以，如果我们在生活中学会把快乐放大，把痛苦缩小，那么我们的人生就一定会被快乐所主导，我们的人生中也会到处充满着欢声笑语。这样，即使我们的生命遭遇一些很大的打击，遭遇一些坎坷，我们走的路很泥泞，走得很辛苦，只要我们知道把痛苦缩小，把快乐放大，那么，我们就一定可以在辛苦中依旧感受到快乐，在磨难中依旧感受到幸福。

当金融危机的潮汐袭来，一夜之间，田中苦心经营多年的公司，像搭建在海滩上的城堡那样被摧毁得无影无踪。一同倒塌的，还有一个男人的自信心。

呼酒买醉之后，田中想要结束自己的生命。他发了一条短信，是发给他曾经认识的一个陪酒女郎的。他记得那是一个聋女，有着顾盼生辉的双眸，每次陪客人喝酒，她都夹着一个笔记本，靠笔谈和客人交流。

“小姐，我就要离开这个世界了。”发完短信之后，田中想，那女孩一定不记得他了。出乎意料的是，那个女孩来了，像往常一样，夹着笔记本，美丽的眼睛里盛满了焦虑。

“田中君，为什么想不开呢?”女孩在笔记本上迅速地写下了这行字。

田中望着她年轻的脸，不知如何作答。

“跟我说说吧。”女孩又写了一行。

他接过她手中的笔，在本子上写下一个大大的“辛”字。女孩定定地看着那个“辛”字，过了一会儿，突然在上面加了一横，“辛”字一下子变成了“幸”。她笑靥如花地把纸递给他。他的心猛然一动，两行泪水直落下来。女孩递纸巾给他，接着又写了一行字：“辛苦，是通往幸福之途。”

田中最终放弃了自杀的念头。

把辛苦的“辛”上面加一横，就可以变成幸福的“幸”，可能这是我们很多人都没有发现的事情。田中因为自己事业的失意，过得很辛苦，甚至想要结束掉自己的生命，但是当他看到聋女在本子上写下的字句时，他彻悟了，也懂得了人生，所以他放弃了自杀，决定重新拥有自己的生命。

可能在我们的人生中，我们会像田中一样事业遭到打击，人生遭到失败，但是不论怎样，不管我们的生命中遭遇什么，我们都不能放弃自己的生命。因为辛苦只是暂时的，痛苦也不会长期停留在我们的身上，只要我们去努力，去将自己的痛苦缩小，那么我们也可以有美好的人生。在辛苦中我们也可以找到幸福，在痛苦中我们也可以拥有快乐，很多时候快乐不在于外在，而是在我们的内心。

有一个女孩子，因为家里贫困，很早就退学嫁人了。

她的同学猜想她一定是个愁肠百结的女人了，于是就一起相邀去看她。谁知她竟是一副很满足的样子：日子虽然过得清贫，她也没有什么好的衣服，家里的摆设也很陈旧，但是家里有一个爱她的丈夫，有一个可爱的小男孩，他们一家三口总是其乐融融。她觉得目前的生活就是一个女人的幸福了，虽然日子过得辛苦，但是也很幸福。

日子一天天就那样消逝了，后来她的丈夫在一场大病中离她而去，再后来儿子因驾车出事进了监狱。她的同学又猜想她这回一定很痛苦了。于是在一次路过她家时，特地跑进去看她。她容颜苍老了许多，额头也过早地爬上了一条条皱纹，但她办起了一个托儿所。在与同学谈话间，她一会儿抱抱这个，一会儿拍拍那个，满屋子的孩子在欢笑，幸福在她的眼睛里流泻出来。

故事中的女人为什么会那么快乐？在她遭遇了那么多在别人看来是很痛苦的事情后，她还是一副快乐的样子，难道是她不知道忧愁吗？不，其实不是她不知道忧愁，只是她比一般人看得开，她会在痛苦的生活中寻找到可以让自己快乐的理由。家里日子过得不好，但是她有疼爱自己的丈夫，还有可爱的孩子，所以她快乐；丈夫死了，儿子因事进了监狱，但是她还有一个托儿所，她还有一大群的孩子需要她照顾，所以她也在那里寻找到了快乐……

其实，在我们的人生中，很多时候谁也拿不走我们的快乐，痛苦与开心也只是一步之遥，只要我们内心宁静，我们拥有积极向上的一颗心，那么，快乐就会一直在我们的左右。虽然在我们的人生中会遭遇很多困难和不幸，比如我们可能会像故事中的女孩一样遭遇贫困，会跟她一样经历爱人的离去，遭受一些打击，但是如果我们的心中还有希望，我们只要愿意去让自己开心，那么我们也可以过得很开心，就算是辛苦我们也会很幸福。我们要知道，谁也不会把黑暗成功地放在我们的面前，只要太阳在我们的心间。

不管我们过得辛苦还是顺畅，不管我们在经历着愉悦还是在经历着痛苦，我们都要明白，再辛苦的人生，再痛苦的经历，只要我们愿意，我们依旧可以在辛苦中品味快乐，在痛苦中感受幸福。

掩卷私语

在我们的人生中，其实很多时候快乐与痛苦只是一步之遥。不管我们经历什么，不管我们遭遇什么，只要我们跨过自己心中的那座通向快乐的桥，那么我们就永远是快乐的，是幸福的，我们也能在痛苦中感受幸福，在辛苦中品尝快乐。

5. 发现吃亏中的乐趣

用争夺的方法，我们可能永远得不到满足；但用让步的办法，我们有时候却可以比期盼的得到的更多。所以，在我们的人生中不要害怕吃亏，也不要逃避吃亏，因为有时候，吃亏也是一种福气，吃亏也是一种乐趣，吃亏有时候更会是一种投资。

可能在我们的生活中常常会听到这样的一句话：“吃什么也不要吃亏。”而且很多人还把这一句话当做自己的人生信条来坚守。可是我们不知道，人生没有那么多的绝对，就算我们不希望吃亏，但很多时候我们无法避免。有句话说得好，“天有不测风云，人有旦夕祸福”。很多事情我们都无法躲掉，很多事情我们也无法去避免，我们能做的只是去接受，去努力改变现状。所以，在我们的人生中也不要那么排斥吃亏，因为有时候，吃的亏，不一定就是亏，说不定还是福。

20世纪40年代，父亲病逝后，作为长子的李嘉诚，为养家糊口而放弃了学业，去一家钟表公司打工。其他同事每天只工作8小时，而李嘉诚工作16个小时，天天如此。

钟表公司的老板说，李嘉诚每天比同事多工作那么长时间，看着是吃亏了，但结果是，李嘉诚只花了一年时间，业绩便超越其他6位同事，他当时的销售成绩，是第二名的7倍。一年后，他当上了销售公司总经理。

李嘉诚有句名言：“有钱大家赚，利润大家分享，这样才有人愿意与你合作。假如拿10%的股份是公正的，拿11%也可以，但是如果只拿9%的股份，就会财源滚滚。”

把更多的利润让给别人，看起来是件十分吃亏的事，可正因为这一点，才会有更多的人想与李嘉诚合作，生意自然没有做不大的道理。结果，李嘉诚才是占了最大“便宜”。

谁会料想到，表面上吃了亏的李嘉诚才是占了最大的便宜呢？就是因为他的吃亏，所以他以后才会财源滚滚。所以说，在我们的人生中，我们不要刻意去躲避吃亏，也不要一直想着去占便宜，因为有时候我们占到的便宜可能就是亏，我们吃的亏可能就是便宜。

不仅是在我们的人生中有时候需要吃亏，在我们经营事业的过程中我们也要懂得“吃亏”，因为有时候看似的“吃亏”，可能会让我们得到意想不到的收获，也可能会让我们的事业得到成功。

20世纪90年代，在北方某一个小镇上开了第一家澡堂。澡堂地方不大，可因为是镇上唯一的一家，生意特别兴隆。从澡堂开业那天，该澡堂的老板就作了一个特别规定：镇上所有65岁以上的老人来洗澡全部免费。

镇上65岁以上的人并不少，这样一来，每天都会有几位老人前来洗免费澡，最多时，会有二三十位老人前来洗免费澡。这样，澡堂每天最少也会白白地少收入几十块钱。

这家澡堂一开就是十几年。这十几年中，镇上的人越来越多，澡堂也开得越来越多，到2003年的时候，镇上已经开了十几家了。但其他的澡堂都不叫澡堂，叫洗浴城、洗浴中心……只有这家还叫澡堂，也依旧坚持着65岁以上的老人洗澡不要钱的原则。

一天，这位老板的一位已经居住在城里的朋友回镇里省亲，建议他把澡堂中间的池子拆掉腾出一些地方来，再更换一下设施，也提提价钱。

这位老板却坚决地说："池子不能拆，上了年纪的人，都恋着泡大池呢。"

老板的朋友说："这么多年，你为镇上做的贡献也够了，做生意不容易，那些老人会理解的……"

这位老板却仍坚持自己的意见，并对朋友说："现在生意不是好做的，你看镇上那些什么城，什么中心，今天开了明天关，有哪一家坚持了这么多年？就是因为谁家都会有老人，年年都有老人过了65岁，人家的家人就是冲着这点来的。有的钱，是要用良心去赚的……

那一刻，朋友明白了这位老板的良苦用心，同时更体会到了这位老板朋友真诚的做人做事原则，让他深感敬佩，也惭愧不已。

3年后，由该老板的儿子投资，在城里也开了一家澡堂，名字叫"良心澡堂"。

“良心澡堂”设施先进，装修豪华，规模也大，可是依旧沿袭了他父亲多年来的做法，所有65岁以上的老人可以免费洗澡，65岁以上的老人还可享受一顿免费的自助餐，澡堂每个月的收入所得按一定比例捐助给养老院。

让镇上所有的65岁以上的老人免费洗澡，这在表面上看来是一件很吃亏的事情，但是实际上却是让这个澡堂经久不衰的一门诀窍。其实，做生意很多时候跟做人一样，赚的也是人心钱，赚的也应该是良心钱，就像是澡堂的老板一样，懂得为顾客考虑，能够让自己吃点亏，但是就是因为他这个吃点亏的措施却给自己带来了滚滚不断的钱财。

谁说人生不应该吃亏？谁说吃什么也不能吃亏？要知道，人这一生没有什么是绝对的，吃亏也一样，很多时候吃亏不一定就是损失，占便宜也不一定就是便宜。我们做人做事要秉着自己的良心，只要我们对得起自己的良心，那么，不管发生什么事情也不会有太大的麻烦。所以，在我们的人生中不要再去刻意回避那些吃亏的事，也不要去刻意追逐那些蝇头小利、贪便宜的事情，因为有时候吃亏也是一种福气。

掩卷私语

在我们的人生中总觉得吃亏是一件愚蠢的事情，也是一件让自己难以忍受的事情，但是我们要知道，有时候吃亏不一定就是损失，也可以是福气。

6. 没有人应该对你好

这个世间没有什么人是应该对我们好的，也没有什么人是一定要对我们好的。所以，我们要用一颗感恩的心去对待我们生命中那些对我们好的人，用一颗回报的心去对待他们，去珍惜他们，这样，我们才不会因为自己的无知而失去一些宝贵的东西。

可能在我们的意念中，有些人就应该对我们好，有些人也要一定对我们好。

比如我们的父母，既然生下了我们，他们就要一定肩负起抚养我们的责任，不管我们长得多大，长得多强壮，他们也应该对我们好，在我们有困难的时候就应该来帮助我们，有时候甚至牺牲他们的利益，牺牲他们的生命也是应该。有时候我们在电视剧里面看到这样的场景，有的父母为了保护自己的儿女而被敌人杀死，对于这样的一幕，心软的人觉得那对父母真可怜，心硬的人则直接没什么表情，认为那是一种天经地义的事情。可是我们要知道，在这个世界上，我们每个人都是独立的个体，根本没有什么是天经地义，更没有什么是理所当然，包括父母对我们的爱，朋友对我们的爱，恋人对我们的爱。

在我们的生活中，可能我们常常也会看到这样的一些人，他们秉着别人对自己的好，做着一些乌七八糟的事情，并且出了事情总是以一副不以为然的口气让别人去处理。当然，他们有时候也会检讨自己，但是检讨自己的时候却说得非常好听，也是一副理所当然的样子，说是自己太任性了。他们用这样一句话，就想让别人原谅他们犯下的错，让别人收拾他摆下的烂摊子，这究竟是他们无知还是幼稚，自私还是可笑？可能很多人都搞不清楚。

我们在生活中还会看到这样的一些事，有些人总是在拥有的时候不知道珍惜别人对自己的好，直到失去了才后悔惋惜。原因有时候很简单，就是因为他们把别人对自己的好当成了一种应该，当成了一种理所当然，他们任意地践踏那些人对自己的爱，也任意地去伤害别人的感情，所以，最后只能在失去的时候惋惜后悔。

陈丽和李文是青梅竹马的一对恋人。只不过，一直都是李文小心地呵护着陈丽。

李文大陈丽3岁。在学校时，他们不同年级，不同系，但李文的体贴却无处不在。李文并不是天天都来找陈丽，但陈丽的电话每晚临睡前却总会响起，李文总是说一些天冷了记得加衣服、晚上别在被窝里看书的话。

所有的人都知道陈丽有一个为她甘愿付出的男友。

陈丽嘴里不说，心里却是自得的。李文在校园里也并非是默默无闻之辈，他长相俊朗，才气逼人，是很多女孩子暗恋的对象，可是这样的一个人，却独独对陈丽用情至深。

陈丽知道李文的好，但陈丽是个被父母宠坏的孩子，李文就像是接过了她父母的接力棒一样，父母不在身边时接着宠陈丽，所以，陈丽撒娇、任性，有时候甚至蛮不讲理。

每次他们吵架，李文生气走开，但最后回头的总是李文。李文说，丫头，我们和好吧。

陈丽的眼睛里涌出泪来，其实陈丽是那么害怕失去李文。

相继走出校园，他们选择了生活在一起。陈丽是玲珑剔透的女孩子，生活的琐碎让她不胜其烦，所以李文主动承担了大部分的家务，照顾陈丽，并且一如既往地宠着她。但陈丽却觉得，李文开始干预她的生活了。某次陈丽下班和男同事喝酒，深夜才回去，李文大为震怒，是夜睡到了另一个房间。

几天后的夜里，李文主动拥住了陈丽，说对不起。

他们的争吵不断，但每次都是李文转身说对不起，虽然陈丽觉得等待李文转身的时间越来越长。后来有一次，他们为一件小事争吵后，李文走出了陈丽的房间。

一天，两天，三天，陈丽等待着李文转身。

一个星期后，陈丽耐不住这种等待的痛苦，决定到外地待几天。陈丽想，当她回来的时候，一切都会烟消云散了。可是当陈丽回来时，她惊惧地发现，房间里已经没有了李文的痕迹。他已辞职，去了外地。

陈丽没有想到李文会采取这种决绝的方式。她知道自己是深爱着李文的，那么多的争吵都是因为自己任性，不懂得珍惜。很久以后，她把这件痛心的往事讲给朋友听，仍然不明白为什么李文会突然离去。朋友听了，忽然说："为什么你不转身呢？"

那一刹那，她泪流满面，多么简单的一句话，可是当初为什么她没有转身呢？

陈丽把李文对她的好当成了一种应该，也当成了一种理所当然，所以她任性，每次吵架她都等待着李文的转身。可是世界上怎么可以会一直有那种理所当然的事情呢？我们要知道，即使是一个深爱自己的人，也会有时候因为自己的不珍惜而转身离去，因为他们会累，他们在付出的时候也想要回报。

上天从来都是公平的，他会给我们每个人的生命中安排那么一些对我们好的人，如果我们珍惜他们，同样地爱护着他们，那么他们就可以在我们的生命中长期地停伫；如果我们不珍惜他们，不懂得回报，那么不管是多么深的爱恋，多么深的感情也终有失去的一天，那个爱护着我们的人也终有离开我们的一天。因为，在这个世界上没有什么人是应该对我们好的，也没有什么人要一定对我们好的，维系我们之间良好关系的纽带，是那份让我们难以舍弃的美好感情。

所以，让我们拥有一颗感恩的心吧，去回报那些关爱我们的人，那些呵护我们的人，那些爱恋我们的人，用我们的心、用我们的情去温暖他们，去回应他们的付出，用我们的实际行动去让他们感受我们内心的感激，这样他们才不会累，才不会弃我们而去。

掩卷私语

在我们的一生中并没有哪一个人一定要对我们好，也并没有哪一个人应该要疼爱我们一生。所以，去珍惜生命中那些对我们好的人吧，让我们以同样的感情去回报他们，让他们感受到我们的爱，我们的真诚，也让我们的好去温暖他们的心灵。

篇三

修身养性，淡定让人生没有寂寞

第九章 寻求生活的价值
——良好的心态最重要

每个人都有自己的路要走，每个人也都有自己的事要去处理、去完成，当然，每个人也会在自己的人生路上遇到挫折、遇到磨难、遇到打击。但是面对生命中的种种，只要我们保持良好的心态，拥有乐观的生活态度，不去抱怨自己的遭遇，不去执著于自己那些无谓的想法，从而守住一份淡然与镇定，那么我们就没有迈不过去的坎儿，我们也没有征服不了的苦难，我们也能在苦难中寻找到快乐，在一丝微笑中找到幸福的痕迹。

1. 要有穷开心的精神

开心其实很多时候都是一种心态，也是一种精神，只要我们愿意，那么不管我们处于什么样的境况，不管我们遭遇什么样的磨难，我们都可以很开心。人生短短数十载，如果想要过得开心，过得幸福，我们就要有穷开心的精神。

在我们的生活中，其实很多时候我们都给自己的心情加了一些理由，也给自己的情绪加了一些条件。

例如，对于开心，我们有时候觉得开心是需要理由的，开心也是需要资格的。如果我们一贫如洗，如果我们一直要为自己的三餐而奔波而忧愁，我们就觉得自己没有理由去开心，也没有资格去开怀大笑；如果我们一事无成，如果我们整天无所事事，找不到一份好的工作，我们也觉得自己没有理由去开心，没有资格去加入开心者的行列。尽管在这个世界上很多东西都是要花钱去买的，但是我们心情却不用花钱去买，我们的情绪也不用花钱去买。所以，不管我们贫穷还是富有，不管我们事业有成还是一事无成，我们都有开心的资本，也有开心的理由。因为开心只是我们的一种心情，一种情绪，和外在的任何情况都无关。

女人刚把菜放进锅里，男人的电话就打了进来："媳妇，睡没?""没，正要热菜呢。""不热了，咱出去吃。""都半夜了呀。""穿好外衣下楼吧，我等你。"男人语气执拗中又充满期待，女人不忍拒绝了。

楼道寂静，女人刚下半层，就听到男人有意的轻咳。女人小声问："怎么上来啦?""怕你害怕。"说话间男人已到近前，两人牵手而下。

出楼门，红色出租车正停在门口。坐进车里，女人蹙起眉头："怎么又没锁车啊?"男人拍着脑袋说："嘿，光想着你害怕，急着接你了。媳妇，可别生气啊，平时我连出去吐口痰都会把车锁得密不透风的。"女人"扑哧"乐了："别贫嘴，这大半夜的去吃什么饭呀? 孩子快上小学了，要多攒些钱，妈身体不好，也要存些钱，还有……""不怕，咱就吃碗面。对了，不说让你先睡，我自己热菜就行吗?"男人边说边把暖风拨向女人的方向。“你？你只会图省事吃冷的。你天天这么辛苦，不说吃得多好，但总要吃得热乎乎的呀。”“你啊——”

七拐八转，车子在小巷里的一家面馆附近停下。一坐下，男人就豪爽地点起来：“老板，来两大碗牛肉面，一盘牛腱子，一盘花菜，一听啤酒，一瓶可乐。”女人有点急：“不是说开车不喝酒吗？怎么点那么贵的菜？”男人也不解释，只呵呵笑着用餐巾纸把女人面前的杯子细致擦好。

牛肉面送来了，热腾腾的，香味扑鼻。“好香！”女人轻赞。“嗯，这是秘制老汤煮的，我找了好久才找到这家。”男人答。女人把面送入口中，刚嚼两下就不住点头：“好地道，有我家乡牛肉面的味儿。”男人仿佛一直等着这话，女人一说完，男人就放松地靠到椅背上，从胸腔里畅快地吐出一口气。“你也吃呀，傻看着我干嘛。”女人催着。“好，好，一起吃。”男人应着，却并不动筷，而是掏出手机看。

女人正要询问，男人却忽然满脸激动地站起来，大声说：“在座的哥们，现在是24号的午夜11：59分，再过一分钟就是25号。25号是个好日子——是我媳妇的生日，我就是个的哥，家里上有老下有小，不敢搞大了，就想着带我媳妇吃一碗有她家乡味的长寿面，第一时间里……”说到这，男人凝视着女人，继续深情地说：“媳妇，第一时间里祝你生日快乐！”言罢，男人一仰脖，喝干了杯中的可乐。

车里，男人轻声问：“媳妇，高兴吗？”“嗯。”女人轻声应。男人边开车边美滋滋地哼着《生日快乐》。女人嘴角轻扬，笑靥在腮边漾起一圈圈美丽的涟漪，素日生活中的沉重与疲累全清空了。此刻，女人感觉自己是那么轻盈、快乐、幸福。

他们的日子过得清贫，家庭也不富足，但是他们知道怎样去经营自己的家庭，也知道如何在苦中作乐，因为他们拥有着“穷开心”的精神。即使他们已经有了孩子，即使他们已经被生活的担子压得有些喘不过气来，但是他们还是没有忘记快乐，也没有拒绝幸福。

想过一段开心快乐的日子，不想让自己的生命在痛苦与悲伤中流失，那么我们就拥有一种穷开心的精神吧！不管自己的境况，不管自己的生存条件，只在于我们的那一颗心。即使我们一贫如洗，即使我们吃了上顿没下顿，我们也要开心地笑；即使我们受了老板的批评，即使我们只是公司的一个小小的职员，我们也要过得舒服；即使我们没有女朋友，即使我们长了一脸的痘痘，我们也要臭美一下，对着镜子笑一笑；即使我们输掉了比赛，即使我们输掉了自己的一切，我们也要大声地叫，大声地唱；即使我们白天受尽委屈，即使我们的辛苦没人知道，我们也要在夜晚的时候听着音乐，吃着零食，看着自己喜爱的电影，傻笑……就这样，我们只要知道开心，只要拥有“穷开心”的精神，那么我们就是世界上最幸福的人，也是世界上最开心的人。

掩卷私语

开心不分贫穷与富有，开心也不分我们低贱还是高贵。只要我们拥有一颗积极向上的心，我们拥有穷开心的精神，那么不管遭遇什么，不管处于什么样的境况，我们也是开心的，也是幸福的。

2. 微笑也是一种魅力

有人说，微笑，是人类最美好的感情；也有人说，在微笑中我们可以读出很多信息；还有人说，在微笑中我们可以捕捉到快乐。但是不管怎样，微笑的确是一种有着丰富内涵的表情，微笑可以让我们的生活很美好。

在我们的生活中，可能我们常常会接触到一些不同的笑容，有开怀的大笑，有善意的微笑，有呆呆的傻笑，有讨好的谄笑，有讥笑，有讽刺的笑，有无可奈何的笑，还有傲慢的笑，等等，但是毫无疑问地，在这些笑声里面，在这些笑容里面，最让人觉得舒服的，最让人觉得喜欢的，就要数善意的微笑了。因为在微笑里面我们看不到别人的轻视，也听不到别人的讽刺，看不到别人的傲慢，也听不到别人的谄媚。我们看到的只有善意与幸福，感觉到的只有舒心与温暖，听到的也只有友善与愉悦。我们在一个人的微笑里面可以捕捉到他的快乐，也会在那个微笑里面感受到快乐，从而自身也受到感染。

微笑，它很简单，我们每一个人也都会做，因为只要我们将自己的嘴角微微上扬，就可以制造出一个微笑。虽然微笑很简单，可是有时候它却有着无穷的力量，因为有些人可以在一个微笑中找到快乐，也可以在一个微笑里面看到活着的希望。

一个小女孩，意外得到一笔巨款。这件事不出3天便轰动了整个城市，已经被人传得沸沸扬扬。这令女孩的家人百思不得其解：究竟是谁给女孩的巨款？为什么要给她呢？新闻记者曾多次询问小女孩：“那个人为什么要给你那么多钱呢？”小女孩露出了甜甜的笑容，摇摇头：“我不知道。”每次，记者都垂头丧气，一无所获。

女孩的家人比较了解女孩，他们知道要问就一定要问小女孩易懂的问题：“那个叔叔说了什么吗？”小女孩思索了一会儿：“嗯……他说，你的笑容让我找到了一些我所丢失的东西。”于是，他给了小女孩一笔巨款。

原来，那位叔叔便是当地有名的富翁。他觉得人生乏味而无趣，便想寻死。而小女孩的甜美笑容却令他感到如沐春风，心情也不由得感到轻松许多。为了答谢小女孩，富翁便给了小女孩一大笔钱。

女孩的微笑改变了富翁对世界的看法，也打消了他寻死的念头。

故事中的那个富翁，因为人生的乏味而想要放弃生命，但是当他看到小女孩甜美的笑容的时候他感觉到了快乐，他在小女孩的笑容中找到了生活下去的希望，所以他放弃了寻死的念头，并且给了小女孩一笔财富当做感谢。可能我们在看了这个故事以后，会有所疑惑：这怎么可能？就因为一个甜美的笑容，小女孩就得到了一笔巨大的财富，并且打消了一个人想要寻死的念头，这样的事情怎么可能会发生？但是我们要知道，这个世界如此之大，也会是无奇不有的，微笑它有自己的魅力，也有它自己的作用，不然的话，微笑就不会被称为世界上最美好的表情了。

在我们的人生中，微笑不仅是一种最美好的表情，很多时候，微笑更是我们人生中一个最好的名片，也是我们走向成功的敲门砖。

李林是一家报社发行总监。他每次外出时，衣袋里必需揣上自己的名片。他的名片很特别，上面除了姓名和联系方式外，居然没有任何头衔，只印有一行醒目的字："你微笑，世界也微笑!"并且有很多的人注意到：每当他递出名片的时候，总能看到对方会心的微笑。

李林原先并不是做报纸发行的，而是一家印刷厂的厂长。当时，他的事业做得不错，在他所在的城市，一提到他的企业，同行中没有不知道的。他脑子活络，经商有道，社交场合更是应付自如，左右逢源。但不管做什么，他总是绷着一张脸，不苟言笑，对待员工更是如此。时间一长，员工们背后都称他为"老虎"。在他的工厂办到第5个年头上时，企业出现了危机：厂里40%左右的技术骨干纷纷跳槽了！他发现了这一危机，立即采取了一系列挽救措施，如提高员工的工资和福利待遇、改善食堂伙食等，可是一切努力都不见效。两年后，他不得不把自己辛辛苦苦经营了7年之久的企业抵押出去——那段时间是他一生中最灰暗的日子。

李林因为破产的事情沉默了许多天，常常是一个人面对着湖面痴痴地想。一个月后，他终于走出了破产的阴影，决定重新创业，并且成功地应聘到一家晚报搞发行。在面对失败期间，李林进行了反思，他找到了上次创业失败的症结所在——缺少微笑。于是，应聘成功后，他特地印制了全报社独一无二的"微笑名片"，外出发行时也是春风满面，微笑，也成了他给客户的第一印象。

短短8个月的时间，他就把业务搞得红红火火，发行报纸近20万份！对于竞争日益激烈的报纸行业来说，这个数目绝对是惊人的！报社老总慧眼识英才，破格提拔他为发行总监，他以后的前途也就此一片光明。

虽然微笑很简单，但是有时候微笑的力量却很强大。就像故事中的李林，因为缺少微笑，在事业陷入危机的时候没有人伸出援手，最终不得不以破产收场；可是也是因为有了微笑，在以后的日子里，他的事业节节高升，前途也一片光明。

所以说，在我们的人生中不要小看那些微笑，也不要忽视那些微笑，因为在我们的微笑里面别人会感受到我们的真诚，在别人的微笑里我们有时候也会看到希望。这就是微笑的魅力，也是我们所拥有的。

掩卷私语

微笑，是我们每个人都会做的表情，微笑，也不需要我们付出任何的代价，但是，有时候微笑却能给我们带来快乐、带来温暖，甚至可以改变我们对人生的看法。微笑也是人类最淡定的表情，能让我们在这个复杂的世界里获得一丝清明。

3. 放下执著会更自在

很多时候，我们觉得自己被一些事情所牵绊，自己也被一些莫名的东西所左右，其实，那只是我们不懂得放下自己的执著、自己的坚持。要知道很多时候，我们的执著只不过是一些无谓的挣扎，只要我们放下了，反而会觉得更自在。

在我们的人生中，我们可能感觉到总有一些事情牵绊着我们，也总有一些事情让我们放不下，也总有那么一些事情让我们看不开，让我们觉得心情沮丧。其实，在我们的人生中没有多少事情是真正的麻烦，也没有什么事情真的可以让我们手足无措，只要我们拥有一颗淡然的心，只要我们能够放下自己心里的执著，就没有什么事情能够牵绊住我们，也没有什么事情能够左右我们的情绪。

一个女孩为了自己喜欢的男孩，她跑到神面前，恳请神能给她机会做一棵树，就在男孩家的门前，这样，她就能天天看到他了。神说，即使你能天天见到他，你也不会高兴的。最后，女孩的执著感动了神，于是女孩变成了一棵树。

女孩能天天看到她所深爱的男孩，一年过去了，两年过去了……可男孩从来没正眼看女孩一眼，每到秋天，女孩都会哭，她那枯黄的泪随着秋风飘下，女孩是多么希望男孩能拥抱她一下啊。可是女孩却一次次地失望了。女孩不甘心，她又跑到神面前，再次恳请神，希望自己变成一块石头能让男孩歇歇脚。于是，神把女孩变成一块男孩家门口的石头。

同样，男孩还是不看她一眼，风吹雨打，饱经风霜，女孩从无怨言，可她太伤心了，终于她因忧郁而崩溃了。就在这时，珠宝商人看见了她的心，那是一颗十分名贵的蓝水晶。后来，这个水晶被加工成一枚名贵的戒指，而戴上它的，却是男孩的女朋友，是男孩送给女朋友的结婚戒指。女孩这次真的伤心欲绝，她不知道自己哪儿错了，也不知道为什么世界这样的不公平，自己多年的等待换来的却是一场空。

神来了，他问女孩，你没有觉得自己很傻吗？女孩哭了，她真的觉得自己很傻。就在这时，神告诉女孩，有个男孩，为你守候了更长的时间……

故事中的女孩，因为对那个男孩的爱恋，自愿变成了一棵树，以为能够天天见到男孩，她就会快乐。她没有想到，男孩一眼都没有看过自己，所以她哭泣，她失望，但是不管怎样她还是不甘心。她又执著地去求神，但是结果还是一样，不管她变成什么，那个男孩也没有看过她一眼，也没有爱上她。多年的等待成为一场空，后来她才知道，因为自己的执迷，错过了另一个男孩……

其实在我们的生命中，很多时候我们都会像故事中的那个女孩一样，对自己执著的一件事情，一个东西总是抱着幻想，为了得到那样东西，为了做到那件事情，即使碰得头破血流也再所不惜，但到最后不仅一无所获，反而白白地浪费掉了自己的努力或者青春。这是为什么？为什么我们总是执著于那些东西，难道那些东西在我们的生命中真的是无可替代吗？不，其实有时候我们执著的并不是那个东西的本身，而是那一颗已经陷入执著的旋涡中的心。所以，如果我们能敞开自己的胸怀，能够放下那颗执著的心，我们的人生中也就不会有那么多的悲伤，我们的生命中也将不会有那么多的迷惑，当然也就不会有那么多的损失，那么多的彷徨。

在亚洲，有一种捉猴子的陷阱，猎人把椰子挖空，然后用绳子绑起来，接在树上或固定在地上。椰子上留了一个小洞，洞里放了一些食物，洞口大小恰好只能让猴子空着手伸进去，而无法握着拳头伸出来。猴子闻香而来，将它的手伸进去抓食物，但是紧握的拳头却退不出洞口。当猎人来时，猴子惊慌失措，更是逃不掉。

我们明白，没有任何人捉住猴子不放，它是被自己的执著所俘虏，也是因为自己的执著丧失了生命，其实它只需要把自己的手放开就可以将手收回来，而且还可以带着拿到的食物安然离开。

在我们的人生中何尝不是这样，我们以为是很多的事情牵绊住了我们，我们也以为是有些东西阻挡住了我们前进的脚步，我们更以为是有些人带给了我们伤心跟失望。其实我们不知道，牵绊住我们的很多时候都不是那些事情，阻挡我们脚步的也不是那些东西，伤害我们的更不是一些人，而是我们的执著的心，我们是被自己所牵绊，所阻碍，甚至所伤害。

所以，放弃内心的那些无谓的执著吧！让自己张开双手，迎接美好的朝阳。当然，如果我们放弃了自己的执著，放弃了自己的坚持，可能心里会产生疑问：坚持了那么久，就这样放弃，是不是代表我们的一种投降，是不是代表我们已经认输，是不是代表我们对自己的感情不负责任，是不是代表我们的懦弱？

不，其实不是这样，放弃我们的执著并不是说我们投降了、我们认输了。放弃执著只是让我们清楚地认识到自己所处的境况，让我们获得一丝喘息的机会，也给自己一点思考的余地，是让我们的境界上升到更高的一个层次；放弃了执著，也并不是我们对感情的不负责任，更不是我们懦弱，反而是我们对人生的更高一个层次的了悟，也是我们对自己的感情、对别人的感情的一种另样的成全。

所以，在我们的人生中要懂得，该放的我们要果断地放下，不要让那些执著左右我们的人生，也不要让那些执著牵绊着我们的脚步，只有我们放下了执著，我们才能走得更远，我们才能飞得更高。

掩卷私语

在我们的人生中，感觉到自己被牵绊，感觉到自己被左右，感觉到自己深陷在一个痛苦的旋涡中无法自拔，那么我们就要学会放下，放下心中的那些执著，放下心中的那些执念，给自己一丝空隙，给自己一次喘息的机会。那样，我们可能会感觉更自在，我们的人生也可能会更精彩。

4. 不妨做个无欲有求的人

俗话说，欲壑难填，人的欲望是无止境的。如果我们一直生活在自己深深的欲望中，那么我们永远不知道什么是满足，什么是幸福。当然，每个人对自己的生活也应该有要求，有要求的人生才会充满目标，充满激情。所以，让我们做个无欲有求的人吧，那样的人生才会更加精彩。

欲望，可能是我们每个人都有的一样东西，但是不同的是有的人欲望多，有的人欲望少，有的人会被自己的欲望所左右，有的人则不会被自己的欲望所影响。欲望究竟是什么呢？欲望是怎么来的呢？我们都知道人有最基本的需要，这个需要就是我们想要解决的最基本的生活，即衣食住行问题，但是当我们的基本需要被满足的时候，我们就想要提高自己的生活质量，而当我们的生活质量提高了的时候，我们还是无止无尽地追求一些东西，例如金钱，权势等，并且不择手段地想要去得到那些东西，似乎永远无法满足，这样就形成了人们的欲望。人的需要是能被满足的，但是人的欲望却是无止无尽的。

在我们的人生中，我们常常会发现那么一些人，他们已经功成名就，已经腰缠万贯，已经有权有势，但是他们还是不知道满足，而用一些违背法律的手段去得到更多东西，最终弄得自己身败名裂，妻离子散。他们这样究竟是为了什么？难道是为了生活吗？还是为了追求其中的一些刺激？说来说去还不是因为自己的欲壑难填，才去做那些事情的？所以，我们想要过美好的人生，想过有保障的生活？就要懂得去收敛自己的欲望，尽量做一个没有欲望的人，那样我们也会少去很多的折磨与挣扎。

但是如果真的要做一个没有欲望的人，那岂不是说我们这一生不用去想着奋斗，也不要想着去提高自己的生活质量？不，其实不是这样的，并不是说我们没有欲望就是没有追求，没有欲望我们就没有奋斗的目标，我们只是把自己的欲望变成一种对自己的要求，淡化了我们的那种想要得到的强烈度，也让我们自己的行为与思想在我们可以控制的范围内。这样，我们依然有理想有追求，只不过我们追求的手段不会跟欲望一样，为了得到一些自己想要的东西而去不择手段，甚至违背法纪。这就是一个无欲有求的人，无欲有求的人就应该达到这种状态。

我们可能会说，做一个无欲有求的人还不如做一个无欲无求的人来的好，至少无欲无求的人不会因为追求一些事情而奔波，也不会因为要实现自己的理想而苦恼，那样的人是最快乐的，也是最逍遥的。

孔子与子弟们在路上走，突然听到一个人在唱歌，唱得非常地好听，好像很开心很幸福的样子。孔子与子弟们忍不住想知道这个人是谁，于是，停下车来，孔子让子贡上去问他，为什么这么快乐。

子贡便走到这个人的面前，发现这个人是一位胡子花白的老人家，身上的衣服很破旧，正蹲在地上拾着别人家的麦子，一粒粒拣起来，装在自己的篮子里，一边拣，一边唱，沉浸在自己的歌声中，好像都忘了身边有人。

子贡看他这副穷困的样子，难以理解，为什么他会这么高兴，就很有礼貌地走上前去，向老者鞠了一躬，问候老人家。

可是那位老者，似乎是唱得太过投入了，没有听到子贡的问话。

子贡只得再问老者，大约说了有3次吧，老者才注意到身边这位文质彬彬的年轻人，于是笑笑跟子贡打了招呼，说自己唱得入了神，没注意到子贡，表示抱歉。

子贡于是很恭敬地问老者，为什么这么高兴，并且猜说他是不是有孝顺的孩子，有贤慧的妻子，有宽广的房屋、田地，或是有其他让他感觉到拥有很幸福的东西。

老者微笑着，似乎没有停止过他的快乐，很自然地跟子贡说，正因为我没有妻子，我才快乐；正因为我没有房子我才快乐；正因为我没有孩子我才快乐；正因为我什么都没有我才快乐；正因为我快要死了我才快乐……

子贡很不解，一个什么都没有的人，一个将要离开世间的人，他怎么能快乐呢？于是，子贡回去向老师报告。孔子听了之后，很赞叹这位老人家，知道他才是真正快乐的人。

故事中的老人可能确实是世界上最快乐的人，因为他无欲无求，正因为无欲无求不被一些东西所牵绊，所以他没有什么可以忧愁的。我们可以想一下，他虽然可以说是世界上最快乐的人，但是他是世界上最幸福的人吗？人这一生虽然快乐很重要，但是真正完美的人生是应该快乐又幸福的。故事中的老头没有得到过亲人的关怀，妻子的温柔，儿女的孝顺，他没有得到过人世间最美好的感情，我们难道说他是最幸福的吗？他可能吃了上顿没有下顿，可能天气寒冷的时候还要挨饿受冻，这就是幸福吗？生病了没有人照料，只有无尽的孤独，这就是真正的幸福吗？

其实，幸福的人生是需要有一些要求的，并不是说我们无欲无求一直开心快乐就是幸福了，幸福的人生应该有亲人的陪伴，应该有美好的生活，应该有自己的理想，自己的奋斗目标，应该有自己的人生价值，这样的人生才是充实的，一生才是值得我们羡慕的。

所以，我们应该做一个无欲有求的人，对自己的生活有要求，对自己的人生有规划，但是绝对不会因为欲望的难以满足而苦恼，也不会因为欲望的纠缠而心里不舒服。

掩卷私语

做个无欲有求的人，我们有自己的理想，有自己的奋斗目标，有幸福的家庭，有优质的生活，我们也容易满足，绝不会因为自己的欲望而心生不满或者为非作歹，那样的我们才是最幸福的。

5. 好的心态可以改变一生

人生中很多事情都不是我们可以掌控的，但是我们可以掌控我们的心情，调节我们的情绪，改变我们的行为。在我们的人生中，好的心态是我们走向成功的必备条件，因为有时候良好的心态可以改变我们的命运，改变我们的一生。

有人说，心态是我们最大的本钱，就算我们一无所有，只要我们拥有一个良好的心态，只要我们拥有积极的态度，那么关于人生的一切我们就有机会得到。有一个伟人说：“要么你去驾驭生命，要么是生命驾驭你。你的心态决定谁是坐骑，谁是骑师。”人的心态可以决定人的命运，一个人的心态也可以决定他这一生的高度。虽然听起来有点夸张，但是不可否认的是，一个人的心态好坏对他的人生确实有很重要的作用。

罗伯特是美国著名的心理学博士，他在哈佛大学主持了一项为期6周的实验，即老鼠通过迷阵吃干酪的实验，其对象是3组学生与3组老鼠。

他对第一组学生说：“你们太幸运了，因为你们将跟几个天才老鼠在一起搞实验。这些聪明的老鼠能迅速通过迷阵，抵达终点，然后要吃许多干酪，所以你们必须多准备些干酪放在终点。”

他对第二组学生说：“你们将跟几个普通老鼠在一起搞实验，但它们最后还是能通过迷阵抵达终点，然后能吃到一些干酪。因为它们智能平平，所以你们的期望不要太高。”

他对第三组学生说：“很抱歉，你们将跟几个愚笨的老鼠在一起搞实验。这些愚笨的老鼠的表现会很差，几乎不太可能通过迷阵到达终点，因此你们基本不用准备干酪。”

6个星期之后，实验结果出来了。天才老鼠果然能迅速通过迷阵，很快就抵达终点；普通老鼠也能到达终点，不过速度很慢；至于愚笨的老鼠，只有一只通过迷阵到达了终点。

各组的学生并不知道，参加实验的所有老鼠全都是同一窝的老鼠，根本就没有什么天才老鼠、普通老鼠与愚笨老鼠的区别。这些老鼠的表现之所以出现天壤之别，完全是因为参与实验的学生受到了罗伯特博士心理暗示影响的结果，是学生对老鼠能力抱有不同心态的结果。

不错，学生们当然不懂老鼠的语言，然而老鼠却能感受到学生们对它们的心态。

在我们的人生中不要去小看自己对一些事情抱有的心态，就像故事中的实验一样，因为第一组的学生抱有的是以最快的速度让老鼠通过迷阵的信念，所以他们对老鼠的要求就跟后面两组学生的要求不一样。由于心态的不同，他们就得到了不同的结果。

在我们的人生中其实也是如此。就像我们去做一件事情，如果我们抱着必胜的心，付出百分之百的努力，那么对于那件事情我们就肯定可以完成；相反地，如果对于一件事情，我们没有一点的自信，并且在完成的过程中也是含含糊糊，那么我们就肯定不会完成得很好。

有位秀才第3次进京赶考，住在一个经常住的店里。考试前两天他做了3个梦，第一个梦是梦到自己在墙上种白菜，第二个梦是下雨天，他戴了斗笠还打伞，第三个梦是梦到跟心爱的表妹躺在一起，但是背靠着背。

这3个梦似乎有些深意，于是秀才第二天就赶紧去找算命的解梦。算命的一听，连拍大腿说："你还是回家吧。你想想，高墙上种菜不是白费劲吗？戴斗笠打雨伞不是多此一举吗？跟表妹躺在一张床上了，却背靠背，不是没戏吗？"

秀才一听，心灰意冷，回店收拾包袱准备回家。店老板非常奇怪，问："不是明天才考试吗，今天你怎么就回乡了？"

秀才如此这般说了一番，店老板乐了："哟，我也会解梦的。我倒觉得，你这次一定要留下来。你想想，墙上种菜不是高种吗？戴斗笠打伞不是说明你这次有备无患吗？跟你表妹背靠背躺在床上，不是说明你翻身的时候就要到了吗？"

秀才一听，更有道理，于是精神振奋地参加考试，居然中了个探花。

故事中的秀才，因为对自己的3个梦的不同解释而拥有了不同的心境，最后也终于因为店老板的讲解而充满信心地去考试，结果高中了。其实我们都知道，故事中的秀才的高中与他做的3个梦并没有什么直接的关系，只不过是店老板的讲解给了他信心，让他在考试的时候拥有了更多的自信，所以他才能发挥出自己的实力，才会高中。这就是一个人的心态的作用，不管我们做什么事情，只要我们抱着一颗必胜的心，我们拥有良好的心态，并且付出百分之百的努力，我们的愿望就不难达成，因为有时候良好的心态可以塑造一个人，也可以让一个人取得成功。

所以，在我们的人生道路上拥有一个良好的心态对于我们是至关重要的。在我们的生命中，不管我们遇到怎样的困难与挫折，不管我们遭遇什么样的灾难与坎坷，只要我们拥有着一颗积极向上的心，永不妥协的心，只要我们能够坚持下去，不断地去克服那些困难，那么，不管多难走的路我们也会走下去，不管多难度过的劫难我们也会度过去。我们要相信，良好的心态可以改变我们的命运，甚至可以改变我们的一生。所以，让我们驾驭自己的生命吧，去做我们生命中的那个骑师，把自己的命运牢牢地控制在我们自己的手中。

掩卷私语

我们都不想做自己生命中的那个坐骑，让命运骑在我们自己的头上。所以，为了不让自己被命运牵着鼻子走，我们就要拥有一个良好的心态，用积极与乐观去应对生命中发生的一切，用淡定与执著去谱写人生华丽的篇章。

6. 不要在抱怨中迷失自我

抱怨，可能是我们每个人都会有的一种情绪，当然被抱怨也可能是我们每个人都会有的经历。因为对我们生活的不满，所以我们去抱怨，因为对我们人生的不知足，所以我们去抱怨，但是抱怨往往不会让我们得到我们想要的那些东西，反而很容易让我们在自己的抱怨中迷失，失去一些东西。

美国知名心灵学家威尔·鲍温，发起了一项“不抱怨”活动，邀请每位参与者戴上特制的紫色手环，只要发现自己抱怨，就将手环换到另一只手上，直到手环能持续待在同一只手上21天为止。不到一年，全世界有80多个国家600万人参与了这项活动。

通过这个小故事我们会发现，在我们的生活中没有人不抱怨，即使是那些伟人也是如此。在现代生活中，可能是因为城市的节奏太快，也可能是人们的生活压力过大，生活过于忙碌，更可能是我们每个人的理想都过于远大，很难实现，所以，我们会感觉到很多的不如意，伴随着这些不如意，我们就会听到很多的抱怨声。父母抱怨自己的儿女不争气，达不到自己的要求；妻子抱怨自己的丈夫总是晚归，那么多的应酬，却赚不到几个钱，让自己的生活过得辛酸；儿女抱怨自己的父母没有本事，给不了他们好的物质享受，也让他们念不起名校，没有好的工作……除了对自己身边的人的抱怨，我们更多的是抱怨上天的不公平，抱怨命运的不济，让自己一生辛苦。在这个世间，不如意之事十之八九，我们想抱怨也抱怨不完，我们抱怨也不会给我们的生活带来任何的起色，相反，如果我们不去抱怨，学会知足，学会享受，用心去生活，可能我们反而会过得很幸福。

在我们的人生中，抱怨作为一种不满情绪的宣泄与调节，是可以理解的。因为在我们的人生中，总有那么一些事情让我们心生烦闷，也总有那么一些事情让我们心受委屈，所以我们想鸣不平，想发泄自己的不满，这都是无可厚非的事情。但是我们却不知道在抱怨的时候何时该止步，容易让抱怨成为自己的一种习惯，也容易让抱怨在自己的生命中泛滥，让这种负面的情绪影响我们的生活、工作，甚至整个人生。这样，在抱怨声中我们不仅会给自己的心灵蒙上阴影，也会给他人的心理造成困扰，不仅对发生的一些事情没有任何帮助，还可能会使事情越来越糟。所以，在我们的人生中，我们应该少一些抱怨，多一些理解，少一些抱怨，多一点宽容，这样，我们的人生才会更有乐趣，我们也才会感受到更多的幸福。

当我们上班的时候，如果忙碌了我们不要去抱怨，而是回头看看自己今天做了多少的事情，学到了多少东西，可能我们就会产生一种自豪与满足感；早上挤公交，别人碰到了我们的胳膊，我们也不要去抱怨，而是回头去看看那个人抱歉的笑，我们会发现这是个多么文明的社会啊，我们因为那个人对自己的尊重而感到骄傲；自己的丈夫晚归，应酬多，并且工资也不是很高，让我们过不了多好的生活，但是我们还是不要去抱怨，我们可以看看他劳累的双眼，以及为这个家庭奔波的脚步，我们就会意识到他是一个多么负责的男人，我们也会为他对这个家庭的付出而感动……不论在什么时候，不论在什么地方，不管出于怎样的境遇，我们都不要去抱怨，不要去抱怨别人，也不要去抱怨上天，更不要去抱怨自己，过好自己当前的生活，把握住自己现有的幸福，只要这样过下去，我们就是幸福的人。

当然，当我们的人生遭遇困难，当我们的人生遭遇挫折，我们也不要去抱怨，因为抱怨对我们毫无用处，我们要直面那些困难、那些挫折，只要战胜它们，我们就可以获得成功。

有这样一个故事：美国的海关里，有一批没收的脚踏车，在公告后决定拍卖。拍卖会中，每次叫价的时候，总有一个10岁出头的男孩喊价，他总是以5块钱开始出价，然后眼睁睁地看着脚踏车被别人用30元、40元买去。

暂停休息时，拍卖员问那个小男孩为什么不出较高的价格来买。男孩说，他只有5块钱。拍卖会又开始了，那男孩还是给每辆脚踏车喊相同的价钱，然后看着车被别人用较高的价钱买去。后来聚集的观众开始注意到那个总是首先出价的男孩，他们也开始察觉到会有什么结果。直到最后一刻，拍卖会要结束了，拍卖员问："有谁出价呢？"这时，站在最前面，而几乎已经放弃希望的那个小男孩轻声地再次说："5块钱。"拍卖会停止唱价。这时，所有在场的人全部盯住这位小男孩，没有人出声，没有人举手，也没有人喊价。直到拍卖员唱价3次后，他大声说："这辆脚踏车卖给这位穿短裤白球鞋的男孩！"此话一出，全场鼓掌。那个小男孩在拿出握在手中仅有的5块钱钞票，买了那辆毫无疑问是世上最漂亮的脚踏车时，他脸上流露出灿烂的笑容。

故事中的小男孩在想得到自己想要的东西的时候，并没有抱怨自己手中的钱太少，也没有抱怨那些拍卖人员的不近人情，只是坚持着自己的目标，不放弃。最后，他终于通过自己的坚持达到了自己的目标，在困难面前他没有抱怨，也没有低头。

所以，在我们的人生中，如果我们想要得到什么，想要拥有什么，我们不要去抱怨上天的不公，也不要去抱怨命运的不济，只要我们去努力，去坚持，我们就会得到自己想要的，也能收获成功。

掩卷私语

抱怨，不会让我们的境况有任何地改变，也不会让我们收获成功。所以，不要总是去抱怨生活中发生的一切，也不要总是去抱怨命运给我们的一切，让我们学会满足，用心去体味生活，用坚持与毅力去寻找成功，相信我们会得到很多。

第十章 探索人生的宝藏
——高处总是不胜寒

英雄总是寂寞，高处也总是不胜寒，可是明明知道这样，还是有很多人想要做英雄，想要爬到人生的最高处。其实，人生有时候很简单，并不是我们爬到了最高处就会得到更多，也并不是我们做了英雄就可以受到别人的敬仰与尊重。人生要追求一种淡然，要追求一种精神，在我们累了的时候，我们就应该停下来，看看身边的风景，在我们伤心的时候，我们就应该找个地方去疗伤，而不是把自己暴露在别人的面前。我们要懂得吃苦，也要懂得低头，更要懂得收敛，只有这样，我们才能真正感悟到人生的真谛。

1. 不做“强出头”的鸟儿

俗话说，枪打出头鸟。在这个社会上，如果想要安全地生存下去，那么我们就不要去强出头，也不要做那只强出头的鸟儿，因为很多时候，我们强出头也不会真正出头，反而会让自己受到伤害。

出人头地，取得成功，可能这是我们每个人的愿望，也是每个人在自己的一生中都想要达到的高度。为了能够有一番作为，不同的人会运用不同的手段，有的人选择冒进，有的人选择隐忍，有的人选择强出头，有的人选择伺机而动，但是不管怎样，他们的目的都一样，那就是为了出人头地，为了取得成功。由于他们采取的方式不同，他们也会拥有不同的结局，拥有不同的人生。

有人说，万般烦恼皆因“强出头”。的确如此，在我们的生命中我们常常会看到有一些人，本来没有什么事情，但是却因为自己的好管闲事，或者是强出头而惹来一身的麻烦，或者因为自己的锋芒毕露惹来一身的妒忌与陷害，从而把自己的人生弄得一团糟。也有那么一些人，并不是因为他们喜欢强出头，而仅仅是因为他们的优秀、与众不同，也引来了别人的嫉妒与不满，从而处处遭到排挤与压制。

在一片庄稼地里，有一棵高粱长得特别强壮，比它的兄弟们足足高出一头，硕大的穗子在阳光下像一团火焰。不知为什么，其他的高粱都对它怒目而视，不时说上几句风凉话。这棵出头高粱大惑不解，不知哪些地方得罪了兄弟们，便虚心请教。

“你眼睛朝天，看不起我们！”右边的高粱说。

“你高高在上，压制我们！”左边的高粱说。

“你长得这么高，一定抢了我们的养料！”前边的高粱说。

“你……你挡了我们的阳光！”后边的高粱说。

出头高粱听懂了，原来自己的过错，就在于自己长得太高大了。

“兄弟们！”它恳切地说，“你们加油长呀，你们一定会跟上我的！”

“跟上来——这是什么话？我们凭什么要跟在你后头？”

“那你们就慢慢长吧！”

"慢慢长！你想永远高我们一头？"

……

出头高粱明白了，无论自己说什么，做什么，兄弟们也不会谅解它，因为自己的存在，就是对它们的讽刺，对它们的威胁。

它只有用沉默来对抗冷嘲和热讽。

故事中的那棵高粱在我们看来似乎有些可怜，就是因为它长得比别的高粱高，比别的高粱壮，就要受到嫉妒，就要受到排挤，不管它说什么，它做什么都无济于事。在我们的人生中何尝不是这样呢？可能我们会因为自己的才华而遭到别人的嫉妒，也可能我们会因为自己的工作出色而招来同事的不满，甚至被他们陷害。所以，如果我们真的与众不同，如果我们真的有才华，真的有让别人嫉妒的资本，我们也要学会隐忍，也要学会适当地收敛自己的光华，不要让自己的光华给别人带来负担，甚至对别人造成威胁。

枪打出头鸟，这是亘古不变的道理。在我们的人生中，总会遇见一两个人喜欢走在人们的前面，喜欢去冒那个险，把自己放在"枪林弹雨"之中，结果弄得自己一身狼狈不说，有时候还会丢掉自己的性命。

郑庄公准备讨伐许国。战前，他先在国家里组织竞赛，选拔先行官。众将听说露脸立功的机会来了，都跃跃欲试，纷纷准备上场一显身手。

第一个项目是击剑格斗。众将都使出浑身解数，只见短剑飞舞，盾牌晃动，斗来斗去。经过轮番比试，选出了 6 个人，参加下一轮比试。第二个项目是比箭，前面 5 个人都比完了，只见最后是一位老人，胡子有点花白，他就是颍考叔，曾劝庄公与母亲和解，深得庄公器重。颍考叔上前，不慌不忙，"嗖嗖嗖"三箭射去，连中靶心，与前面一位将领射了个平手。

后来比赛中只剩下两个人了，于是庄公派人拉出一辆战车，说：“你们两人站在远处，同时来抢这部战车，谁抢到手谁就是先行官。”颍考叔飞速抢到了战车，成为了先行官，但却使那位将领怀恨在心。颍考叔果然不负庄公之望，在进攻许国都城时，手举大旗率先从云梯冲上城头。眼看大功告成，那位将领嫉妒心作祟，他抽出箭来，向城头射去，一下子把颍考叔从城头射了下来。

故事中的颍考叔就是因为他的强出头，而最后丢掉了自己的性命，可能我们会说是那个将领心眼太小，所以才会怀恨在心。但是我们要知道，在这个社会上，我们管不了别人怎么想，怎么做，我们能掌控的只能是我们自己的行为、自己的心。所以，要想在社会中安全地生存下去，我们就要处处谨慎，不要有什么太重的争强好胜之心，因为争强跟好胜只会给我们带来麻烦，对我们解决问题毫无帮助。

所以，不要去做那只“强出头”的鸟儿，不论是在工作中还是生活中，都要与他人保持一种和谐共处的关系。用一份冷静去面对自己生命中发生的事情，懂得运筹帷幄，观察大的环境趋势，如果真的想要出头，那么就等各方面的条件都成熟的时候再去出头，就会省去很多的麻烦，也会少很多的阻碍，只有这样，我们才能更容易地出人头地，并且获得成功。

掩卷私语

在我们的生命中并不是第一个冲出去的人就有食物吃，也并不是我们第一个探出头就可以看到美丽的风景。相反，我们会因为自己是第一个，因为自己的与众不同而受尽苦楚。所以，在我们的人生中，虽然说必要的竞争可以让我们出头，但是千万不要做那只“强出头”的鸟儿，也不要因为自己的鲁莽而白白牺牲自己的性命。

2. 学会自己舔舐伤口

在我们的人生中会有很多的伤害，也会有很多的磨难。受了伤，我们要学会自己舔舐自己的伤口，在没有必要的情况下不要将自己的伤口暴露在别人的面前，因为有时候那样做不仅对我们的伤口没有任何帮助，还会让我们的伤口撕裂得更大，甚至让我们丧失生命。

听说在热带森林里的猴子，如果出现怕冷、战栗的症状，它们会主动去啃食一种叫金鸡纳树的树皮。不久，有病的猴子就又恢复了原来活泼可爱的样子。因为它们是得了疟疾，而这种树的树皮中饱含奎宁，是治疗疟疾的良药。

在乌兹别克，狩猎的人常常会看到这样的怪事——受伤的野兽总是跑向同一个山洞。后来，有一个猎人为了查明究竟，就跟踪一只受伤的黄羊，当黄羊跑进山洞后，他躲藏在隐蔽的地方进行观察。他发现，那只黄羊把受伤的身体紧紧贴在峭壁上。不久，这只流血不止、身体孱弱的黄羊就止住了流血，恢复了体力，离开了山洞，走向陡峭的山崖。黄羊走后，猎人在黄羊医治外伤的峭壁上发现了一种类同黑色野蜂蜜的黏稠液体。这种液体后来经科学家检测研究，发现里面含有30种微量元素。用这种液体涂抹在伤口上，可以使伤口很快愈合，使折断的骨骼复原。

……

其实，自然界中，不仅仅是热带的猴子、乌兹别克受伤的黄羊会自我疗伤，还有更多的其他动物以及植物，也会给自己疗伤。

看了这段文字，我们可能会感叹，这个自然界真是无奇不有，连没有多少智慧的动物们也懂得自己给自己疗伤，舔舐自己的伤口，把自己从伤痛中解救出来。那么作为拥有着无穷智慧的人类呢？我们可以为自己疗伤，在受伤的时候舔舐自己的伤口吗？

我们都知道，人生的道路很漫长，并且在我们的人生道路上我们也会经历很多的挫折，很多的磨难，我们难免会受伤，难免会在自己的人生道路上受尽磨难，在感情的生活中分崩离析……并且生活中的种种不幸会让我们感觉到心灵疲倦，会让我们感觉到伤痕累累，所以，我们就自然而然地要去疗伤。

关于疗伤很多人都有自己不同的方法，有的人是靠着外界的力量来给自己疗伤，有的人只会自己舔舐自己的伤口。那些靠着外界的人，在自己受了伤的时候喜欢把自己的伤口放在别人的面前，以博取同情，从而在同情与支持中坚强起来；那些喜欢自己疗伤的人，则喜欢在受了伤的时候悄悄地躲起来，直到自己伤口好了以后才会回到原来的生活。我们会说那些靠着外界的力量疗伤的人可能伤口会好得更快，而那些靠自己舔舐伤口的人则因为一个人的力量太过于弱小，所以伤口会好很慢。可是真的是这样吗？

从前有一只小猴子，非常机灵，非常可爱，但它总是没有安全感，总是渴求身边的其他动物给它一点依靠，总是要在身边其他动物的肯定中寻找自己的价值，就连摘一只桃，也要拿去给别的动物看看，得到赞许之后，再满足地拿去品尝。也许这只可悲的小猴子没有学会怎样去自己肯定自己的价值，没有找到自己的方向。而可悲的是，它的悲剧性并不仅仅如此。

有一天，小猴子在森林里玩耍，突然，一只老虎出现了，老虎已经几天没吃东西了，见到小猴子以后很是高兴，猛地就扑了上来。小猴子吓坏了，慌忙逃命，在这途中，被老虎的利爪抓伤了皮肤，留下一道很深的口子，还在不停地滴着血。负痛从老虎的嘴边逃走，小猴子在一块石头旁边躺下来，一边庆幸自己还活着，一边看着自己的伤口，不知道该怎么办。

这时候，一只松鼠从树上跳下来，问小猴子怎么了。小猴子向它倾诉自己的经历，还给它看自己的伤口。松鼠用手掰开小猴子的伤口，看了看，叹息说："哎呀，怎么这么严重啊，你也太不小心了，老虎也太残忍了……"

听到松鼠这么说，小猴子感到很欣慰，因为它可以得到别人的同情。虽然很痛，但是它还是强忍着。

一会儿，又有一只小鸟飞过来，啄了啄它的伤口，看看有多深，一边还叽叽喳喳地叫着："快来看哪，小猴子被老虎抓伤了，伤口在流血，好多血啊……"

于是，许多动物纷纷跑过来看小猴子的伤口，每看一次，那个伤口就被掰得更大，也被弄得更深。很多动物看了以后，默默地流着泪不肯离开，似乎是想陪伴小猴子，同时，也引来更多的动物围观，把那道本来不是很大的伤口撕得惨不忍睹。

就这样，小猴子在很多动物的哀叹之中，伤口变得越来越大，越来越深，最后，静静地死去了。

故事中的小猴子在自己受到伤害的时候，没有自己躲起来去疗伤，而是将自己的伤口暴露在别人的面前，想要博取大家的同情。然而它没料到的是，同情它是得到了，但是它付出的代价却是让自己的伤口越撕越大。听了这个故事，我们还会认为让别人的同情给自己疗伤会好得更快吗？

我们的人生也是这样，如果我们受了伤，有了伤口，就像故事中的小猴子一样将自己的伤口暴露在别人的面前，希望博取同情从而给自己疗伤，那么我们就会把自己放在一个很危险的位置，我们可能会因为别人的“关心”而使我们的伤口越撕越大，最后可能直接死亡。所以，在我们的生命中，我们要学会自己舔舐自己的伤口，为自己疗伤，这样，我们的生命才会更有保障，我们也才会更安全。

掩卷私语

在人生中，我们要学会自己舔舐自己的伤口，为自己疗伤。不到万不得已的时候千万不能把自己的伤口暴露在别人的面前，因为有时候暴露伤痛，展示弱点，不仅不能得到期待的理解和支持，反而会被人瞧不起。

3. 收敛是为了得到更多

人生有时候需要我们的张扬，有时候需要我们的外露，但是人生更多的时候需要我们的收敛，因为只有我们收敛起自己，才会看到更多，才会明白更多，才可能得到更多。

老子说：“揣而锐之，不可常保。金玉满堂，莫之能守。富贵而骄，自遗其咎。”表面上是说金银财宝还有一些东西不可能保持长久，可是实质上是告诫我们，在面对人生中的种种诱惑的时候，应该保持一种收敛自己的欲望的心态。并且说明收敛是我们控制自己的欲望、控制我们生活中的情绪的一种具体方法。

可能我们会说，现在的社会讲究的是一种张扬，一种外露，不管是我们的才气，还是我们的情绪，我们都应该有所表现。如果我们一味地隐藏自己，一味地压抑自己，一味地收敛自己，那么我们可能会失去很多东西，也不会感觉到快乐。可能在我们的生活中有时候的确如此，毕竟我们的人生需要我们自己去演绎，我们需要用尽我们的力量去走自己的人生路。但是我们不要忘了，在走人生路的时候我们需要一些姿态，并且根据不同的道路、不同的情况，我们需要不断地变换着自己的姿态，这样我们才能在人生路上不会感觉到太累，也不会有感觉到力不从心。而收敛就是我们需要的一种人生姿态，也是我们在走人生路的时候需要的一种心理状态。

收敛是一种心态，也是一种对人生的感悟，更是一种取得成功的有效的手段。懂得了收敛，也就懂得了无常的人生，也就知道了自己应该处于怎样的高度，当然也会懂得自己应该做什么，并且如何去做；懂得了收敛，也就懂得了人生的智慧，知道在任何时候守住自己心灵的那一份清静，并且能够在纷繁复杂的世界里拥有一颗清醒的头脑，拥有一种良好的心态；懂得了收敛，也就知道了自己人生的方向，懂得用理智与良性的状态去获取成功，去完成自己的理想，当然，在完成自己的理想的途中会少去很多的阻碍。

所以，在我们的人生中，如果我们想要干出一番事业，想要取得成功，我们就必须学会收敛自己，收敛自己的情绪，收敛自己的个性，懂得隐藏自己的光辉，懂得厚积薄发。当然，在我们的人生中，我们只有懂得了收敛自己，只有懂得了把握自己，才有可能得到更多，我们的人生之路才有可能更加通畅。

掩卷私语

收敛是一种心态，是一种不张扬的作为，更是一种人生的大智慧。懂得收敛的人生会少去很多的麻烦，淡化自己的欲望和热情，才能将自己的行为控制在一个理智的范围内，从而掌控一切，从而得到更多。

4. 累的时候不妨停下来

在我们的人生中不管我们拥有多少的财富，不管我们是如何地成功，不管我们拥有多么顽强的意志，我们都免不了会感觉到累，感觉到疲倦。所以，在我们的人生中，如果感觉到累了，感觉到倦了，我们不妨停下来，休息一下，然后再从容上路。

人生有时候就像逛街一样，逛得久了总有累的时候，不管我们眼前有多么吸引人的景色，也不管在那些店铺里面有多么让人着迷的物品，我们都会感觉到力不从心，会出现审美疲劳，也就理所当然地想要休息。可是往往在这个时候，我们会给自己找借口，不让自己休息，不是说自己今天一定要买到什么东西，就是说忍一忍等到东西买齐了就去休息。可是，就在我们“一定”以及“忍一忍”的时候，我们错过的不仅仅是最佳的休息时间，消耗的也不仅仅是我们的体力，而且有时候我们错过的是我们应该很快乐的时间、我们的幸福，我们消耗的是我们的精神，甚至是我们的精彩的人生。

现代社会，我们的生活节奏总是很快，我们每天也把自己的行程排得满满的，不让自己浪费掉一点点时间。我们也总是为自己的理想、自己的愿望不停地奋斗着，不停地奔波着，为了金钱，为了地位，为了自己的欲望，我们有时候不给自己一丝喘息的机会，有时候即使是累，我们也坚持着。但是，有时候我们的坚持、我们的继续、我们的忙碌不会给我们带来多少的快乐，不会带给我们多少的收获，反而有时候会让我们与幸福擦肩而过，会让我们感觉到异常地空虚与劳累。

不管我们处于怎样的高度，不管我们的在外面怎样的拼搏，总有一天我们会感觉到累。其实，当我们感觉到累的时候，我们不妨停下来，让自己休息一下，可能这样我们的人生会少去很多的烦恼，我们也不会让自己过得那么辛苦。

曾经听一个人讲，每年他都要去旅游，但是他选择的不是旅行社，而是自己出去旅游。因为在他觉得跟旅行社一起同游，多半的时间是在赶路，不会让他在自己喜欢的风景区停下来。他喜欢在自己想要休息的时候停下来，在自己喜欢的风景区多花一点时间，因为这样的旅游才不会因为赶路，才不会因为错过自己的风景而感觉不幸福，感觉到有任何的遗憾。我们的人生也就像是一场旅行，如果我们一直想着跟上别人的进度，一直想着赶路，一直处于忙碌的状态，不知道休息，那么我们就会让自己一直处于一种疲劳的状态。我们会因为忙碌、因为累而错失掉人生中的很多东西。在我们做事的时候，会因为自己的疲劳与累而犯很多的错误，结果事倍功半。

所以，在我们的人生中，在我们累的时候我们就应该停下来，让自己休息一下，然后养足精神，再去做那些必须做的事情，再去完成自己还未完成的任务，这样，我们不仅可以完成自己的任务，还会做到事半功倍。

有一个探险家，到南美的丛林中，找寻古印加帝国文明的遗迹。他雇用了当地土著人作为向导及挑夫，一行人浩浩荡荡地朝着丛林深处走去。那群土著的脚力过人，尽管他们背负着笨重的行李，仍是健步如飞。在整个队伍的行进过程中，总是探险家先喊着需要休息，让所有土著停下来等候他。探险家虽然体力跟不上，但他希望能够早一点到达目的地，一偿平生的宿愿，好好地来研究古印加帝国文明的奥秘。

到了第四天，探险家一早醒来，便立即催促着打点行李，准备上路。不料领导土著的翻译人员却拒绝行动，令探险家为之恼怒不已。经过详细地沟通，探险家终于了解到，这群土著自古以来便流传着一项神秘的习俗，在赶路时，皆会竭尽所能地拼命向前冲，但每走上 3 天，便需要休息一天。探险家对于这项习俗好奇不已，询问向导，为什么在他们的部族中，会留下这么耐人寻味的休息方式。向导很庄严地回答说："那是为了能够让我们的灵魂，追得上我们赶了 3 天路的疲惫身体。"

让自己的灵魂能够追上自己疲惫的身体，可能在我们听来这似乎并无道理，但是我们细细品味就会感觉到他们这项行为里面深深的哲理。的确，在我们的人生中，很多时候我们要让自己的灵魂与行为统一起来，只有这样，我们才能将事情做得完美，做得毫无遗憾。所以，当我们累的时候，我们就停下来，休息一下，养足精神，然后再让自己充满力量地上路，那样我们会收获很多。

掩卷私语

在我们的人生中，当我们累的时候不妨停下来，让自己休息一下，让自己有一个积蓄力量的过程，让自己的灵魂追得上自己疲惫的身体，那么，我们可能就会有意想不到的收获。

5. 低头并不是认输

低头并不是认输，只是暂时的等待，只是给我们的成功一个机会。在我们的人生旅途中，我们要学会适时地低头，要懂得退让，因为有时的低头不仅不是认输，而是为了让我们的人生攀上更高峰。

有人曾说过“人，要昂首天下，但也要记得时时低头”。昂首天下，是我们每个人最想要的生活姿态，但是低头却是我们每个人都不愿意去做的事情，因为在很多人的眼里，低头代表的是一种懦弱，一种认输，是一种妥协。但真的是这样吗？低头就是一种妥协一种认输吗？事实并不是这样，在我们的人生中适当地低头，并不是代表懦弱，而是一种生存的策略，也是一种处世的哲学。

我们都知道，在战场上，有时候我们为了打败敌人取得胜利，往往会退避三舍，避开敌人的锋芒，然后给自己一个养精蓄锐、积蓄力量的机会，等到敌人放松警惕后，再找到适当的机会进行反扑，最后取得胜利。我们的人生也如战场一样，有时候为了在我们的人生中取得成功赢得胜利，我们也需要暂时地退让，适时地低头，给自己一个休养生息的机会，也给敌人一个放松警惕的时机。所以，在我们的人生路上，适时地低头，暂时地退让并不是代表我们的懦弱与认输，而是我们需要掌握的生存智慧，也是我们取得胜利的一种人生策略。

富兰克林在年轻的时候曾去拜访一位前辈。当时年轻气盛的他，总是昂首挺胸迈着大步，所以在他一进门就撞在门框上。迎接他的前辈见到这样的情景，笑笑说："很疼吗？可这将是你今天来访的最大收获。一个人活在世上，就必须时刻记住低头。"富兰克林思索了一会儿，才恍然大悟。以后在他的人生中，那位前辈说的话一直留在他的心底，也一直影响着他的人生，让他一步步迈向成功。

无独有偶，有人问苏格拉底："你是天下最有学问的人，那么你说天与地之间的高度是多少？"听到这样的话，苏格拉底毫不迟疑地说："3 尺！"那人不以为然："我们每个人都有 5 尺高，天与地之间只有 3 尺，那还不把天戳个窟窿？"苏格拉底笑着说："所以，凡是高度超过 3 尺的人，要长立于天地之间，就要懂得低头啊。"

"凡是高度超过 3 尺的人，要长立于天地之间，就要懂得低头。"因为有时候，天与地的距离真的很短，我们想要让自己不碰头，不想让自己撞得头破血流，想要让自己安全地进入自己想要到达的地方，我们就要学会低头。所以，人这一生，不管我们处于怎样的高度，也不管我们有多么成功，我们要学会低头，要知道低头并不是认输，而是暂时的退让，是一时的隐忍与养精蓄锐，是为了以后把头抬得更高。

在我们小时候，我们常常被教育着人要昂着头走，走得才会坦坦荡荡；人要昂着头走，走得才会不被别人看扁。但是长大了以后，当我们步入社会，当我们经历了人生中的种种，我们才会知道，一个人如果一直昂着头走，他就注定要碰壁，注定要遭遇坎坷，甚至会碰得头破血流。

所以，在我们的生活中，我们要学会低头。朋友之间闹别扭了，有了误会，如果我们还想依旧维持这个友谊，那么总要有一个人站出来先低头，因为只有这样才有机会去解决我们和朋友之间存在的问题，才有可能化解误会，才有可能让那段友谊继续进行下去；恋人之间，吵了架，出现了问题，如果还想要维持那段恋情，那么也需要一个人去先低头，化解矛盾，因为只有这样我们才有可能让自己的恋情长长久久；夫妻之间，因为一些生活中的事情有了隔阂，有了矛盾，有了争吵，不管闹得怎样的不可开交，但是想要让自己的婚姻维持下去，那么我们就要学会低头，只要有一方低了头，那么一切都还有解决的可能，我们的婚姻也有可能继续下去……低头并不是认输，也不是承认自己的错误，更不是一种妥协，而是给彼此一个解决矛盾的机会，让我们可以在冷静的时候去解决一些问题。

当然，在我们的工作中，我们也要学会低头。在我们处理工作上的事务的时候，如果跟自己的同事意见不合，我们不要一直去争吵，而是应该冷静下来，不要让自己的冲动造成严重的后果；在与自己的上司有矛盾的时候，当我们犯了错误的时候，我们也要学会低头，以一种谦恭的态度去对待自己身边的一些人，去诚恳地承认自己的错误，并且听取上司的意见；在我们跟别人合伙做生意的时候，我们也要学会低头，做到不卑不亢，那么我们就可以在职场上做到游刃有余。不管是在我们的生活中还是工作中，适时地低头，并不是懦弱，也不是妥协，更不是谄媚，也不是阿谀奉承，而是我们的一种生存的姿态，是我们为了达到自己的目的所做的一些暂时的作为。

有这样一句话："其实，有时妥协是战胜困难的一种智慧的暂时忍让；低头不是为了倒下，而是为了更坚定地站立前行；低头不是意味着无能的认输，而是为达目标所采取的以守为攻的策略。"低头是一种智慧，它需要求同存异，需要我们应时顺势，需要我们谦虚谨慎，需要我们去好好衡量。学会低头，学会暂时地退让，那样我们的人生之路才会走得更加通畅，我们的人生也才会过得更加精彩。

掩卷私语

低头是一种智慧，低头也是一种能力，是我们处世的一种哲学，更是我们应该采取的一种生存技巧。懂得低头的人生不会有那么多的阻碍，也不会有那么多的碰撞，也会少了很多的坎坷与挫折。

6. 吃苦是一种精神

吃苦很多时候是一种折磨，也是一种资本，但更多的是一种精神。在人生的旅途中，如果我们具备了吃苦的精神，那么再大的困难，我们也能克服；再多的坎坷，我们也能度过；再艰难的折磨，我们也能够忍受。

古人说："吃得苦中苦，方为人上人。"翻开历史长卷，我们不难发现，在历史上那些取得成功的人都不乏吃苦的精神。司马迁为了写成《史记》，忍受住了非人的折磨，终于经过14载的辛苦，写出了空前绝后的巨著；王羲之为了让自己的书法有所成，造就了令人惊叹的洗砚池。所以说，一个人要想有所作为，那么就先要学会吃苦。

有句话说得好："自古雄才多磨难，从来纨绔少伟男。"意思是讲一个人要想拥有雄才大略，要想成为顶天立地的男子汉，要想取得成功，那么他就一定要能够承受得住磨难的考验，也要承受得住人生带给他的种种痛楚。

有一个大学问家名叫匡衡。他小时候就非常喜欢读书，可是家里很穷，买不起蜡烛，一到晚上就没有办法看书，他常为此事发愁。这天晚上，匡衡无意中发现自家的墙壁似乎有一些亮光，他起床一看，原来是墙壁裂了缝，邻居家的烛光从裂缝处透了过来。匡衡看后，立刻想出了一个办法。他找来一把凿子，将墙壁裂缝处凿出一个小孔，立刻，一道烛光射了过来，匡衡就着这道烛光，认真地看起书来。以后的每天晚上，匡衡都要靠着墙壁，借着邻居的烛光读书。由于他从小勤奋好学，后来匡衡成了一名知识渊博的人。

同样地，在晋代时有个孩子名叫车胤，他从小好学不倦，但因家境贫困，父亲无法为他提供良好的学习环境，平时为了维持温饱，也没有多余的钱买灯油供他晚上读书。为此，他只能利用白天的这个时间背诵诗文。在夏天的一个晚上，他正在院子里背一篇文章，忽然见许多萤火虫在低空中飞舞，一闪一闪的光点，在黑暗中显得特别耀眼。他想，如果把许多萤火虫集中在一起，不就成为一盏灯了吗？于是，他去找了一只白绢口袋，随即抓了几十只萤火虫放在里面，再扎住袋口，把它吊起来。虽然不怎么明亮，但可勉强用来看书了。由于他勤学苦练，后来终于做了职位很高的官。

与车胤同朝代的孙康情况也是如此。由于他家里没钱买灯油，晚上不能看书，他只能早早睡觉。他觉得让时间这样白白跑掉，非常可惜。一天半夜，他从睡梦中醒来，把头侧向窗户时，发现窗缝里透进一丝光亮，原来，那是大雪映出来的，孙康想到可以利用它来看书。于是他倦意顿失，立即穿好衣服，取出书籍，来到屋外，宽阔的大地上映出的雪光，比屋里要亮多了。孙康不顾寒冷，立即看起书来，手脚冻僵了，就起身跑一跑，同时搓搓手指。此后，每逢有雪的晚上，他就不放过这个好机会，孜孜不倦地读书。这种苦学的精神，促使他的学识突飞猛进，成为饱学之士。

这就是我们古代很著名的关于读书吃苦的故事，也是我们从小就被老师以及家长用来教育的榜样。可能我们会说，那是因为他们条件的艰苦，所以他们有吃苦的机会，我们现在想凿壁借光，用萤火虫的光亮来看书都是一种没有必要的行为，因为我们现在的物质条件异常丰富，我们不需要让自己过得那么辛苦，更没必要让自己去吃苦。如果我们这样想，那我们就大错特错了，因为吃苦很多时候都不仅仅是一种行为，更多的时候是一种精神。

现代社会，虽然物质条件很丰富，但是压力也变得很大，我们每天要面对竞争，要承受一些不可预料的事情的发生，所以我们更需要吃苦的精神。因为有了吃苦的精神，我们才能从容地面对人生中的种种困难，我们才不会被那些挫折打倒。相反地，在我们的人生旅途中，如果我们害怕吃苦，逃避吃苦，那么我们就不可能取得成功，因为任何一件事情都不是轻而易举就能成功的，任何形式的成功也不是轻易就可以取得的。所以，不管我们做什么，不管我们经历什么，我们都要有吃苦的精神，也要做好随时吃苦的准备。

著名数学家华罗庚在一首诗中写道：“勤能补拙是良训，一分辛苦一分才。”可能在我们的意念里，一个人的成功与否与其聪明的才智是分不开的。事实的确也是如此，但是我们很多时候都过多地强调了一个人的才智，而忽视了有了才智以后的努力，当然也就是忘掉了在我们人生中需要的吃苦精神。所以，不管何时，不管我们拥有什么样的才智，我们都要清楚地知道，勤能补拙，一分辛苦一分才，更多的时候拥有吃苦的精神比拥有才智更重要。

吃苦是人的立业之本，如果我们想要让自己的理想变成现实，如果我们想要达成自己的目标，如果我们想要自己的家庭过得丰裕富足，如果我们想要让自己以后的生活无忧无虑，那么我们就要学会吃苦。把吃苦当成是磨炼我们意志的磨刀石，也将吃苦作为一种精神来追求，去吃苦，去经历痛苦，去接受命运的考验，让自己成为一个不怕吃苦的巨人，然后在吃苦中实现自己的理想，体味人生的真正价值。

掩卷私语

不管我们处于怎样的境况，不管我们拥有多少的才智，我们都要学会吃苦。因为只有懂得了吃苦，学会了吃苦，我们才能从容地应对人生路上发生的一切，我们也才能实现自己的理想，达成自己的愿望。

第十一章 走出欲望的牵绊
——正视人性的弱点

在我们的人生中总有那么一些人，被自己的欲望牵绊着，也被自己的欲望左右着，无法坦然地面对我们生命中的种种，也无法以一种淡定的姿态去迎接人生的各种挑战。淡定的人生可以让我们少受牵绊，所以，在我们的人生中不管我们遭遇什么，我们都应该保持自己的一份信念，保持自己的一份从容与淡定，用正确的方法去应对人生中发生的一切，去主宰自己的人生。

1. 傲骨比傲气更吸引人

在我们的人生中，很多时候一个拥有傲骨的人往往比拥有傲气的人更吸引人，因为拥有傲骨的人表现出的是一种信念，是一种内涵，更是一种铮铮铁骨的气概。而不是像拥有傲气的人那样，给人盛气凌人的感觉，更不会让我们感受到一种肤浅。

常听人说，人不可有傲气，但不可无傲骨。虽然傲气与傲骨只是一字之差，但是对于我们人生的意义却是不同。

在我们的人生中，一个人如果有了傲气，那么就表明他有点自我感觉良好的倾向，把别人不放在眼里，并且还会给人一种盛气凌人的感觉，还会让别人感觉到他有些傲慢自负、故弄玄虚，让人不愿亲近，容易招来人们的厌恶。但是在我们的人生中，一个人如果有了傲骨，那么就会给人一种铮铮铁骨的感觉，在他的身边我们可以感觉到他的正气，并且还能感受到他的强烈的信念。这样的人，在与他的相处中我们会很少感觉到他会鄙视、轻看我们，也不会让我们感受到盛气凌人，即使我们觉得他不容易亲近，但是至少不会让我们产生厌恶感。

拥有傲气的人，就像是百花之中的牡丹一样，虽然雍容华贵，是花中之王，绚烂异常，但是总是多了那么一些肤浅，少了那么一些内涵，看得久了，也容易让人生厌；但是拥有傲骨的人，却是像那十里飘香的腊梅一样，能在风雪中独立寒枝，给人带来沁人心脾的香味，时时刻刻让我们感受到它的内涵，并且能在与风雪的较量中给人以力量还有信念，让人百看不厌。

伟大的画家徐悲鸿20岁成名，当时他被法国的富翁看重，专邀他到“哈同花园”画像，但是言辞对中国人很是不屑。在优厚的待遇面前，他断然拒绝，保持了“江南布衣”的本色。在赴法专攻美术期间，他遭到了洋学生的歧视，被诬为“生就得当亡国奴的材料”。徐悲鸿面对挑衅，义正辞严地予以回击，并以虚心好学换来了一个个优异成绩，折服了对手，表现了崇高的民族气节。

徐悲鸿在他的那个时代，以自己的铮铮傲骨走着属于自己的路，也让我们感受到他强烈的信念与民族精神。徐悲鸿的傲，不是傲气，是傲骨，是属于中国人的傲骨，他是以自己的高风亮节来谱写自己的人生章程。一个拥有傲骨的人是能够在任何时候都坚持自己的信念的，也是能在任何的压力面前仍屹立不倒的，是值得我们钦佩的，也是值得我们敬仰的。拥有傲骨，不是清高冷淡，也不是孤标傲世，它是一种信念，是一种捍卫真理的表现，是坚持自己的操守的一种正气，更是一种动力，一种美德，当然也能折射出一个人的人格。但是，拥有傲气很多时候只能引来别人的质疑，也只是一种浮华，一种外露，让人无法产生敬仰，也不会心生敬意。

在我们的人生中，不管我们是身居高位还是普通平凡，我们都不要拥有傲气，即使我们骨子里是傲的，我们也不能外露，我们傲也要傲得让人佩服，傲也要傲得深得人心，也就是在傲气与傲骨之间选择拥有傲骨。

傲气跟傲骨是兄弟，乍一看来，两个人几乎一模一样并且难分伯仲，但事实上傲骨是大哥，傲气是小弟。

有一次，一个俗人来请傲家兄弟吃饭，傲气不喜欢那个人，认为他太俗，一口回绝了。俗人讪讪，觉得很没有面子。傲骨也不喜欢那个人，却接受了邀请。席间，俗人自然要说些很俗气的话，傲骨始终面带微笑地听着，偶尔插一两句，接着俗人的话题，意境却颇高远。俗人好像有所感悟，高兴得不得了。

傲骨有上司，年终的时候，上司命令傲骨写总结时把成绩夸大一点，傲骨不肯，上司百般威逼利诱，傲骨还是不依。于是傲骨的年终奖就没有了，傲骨只是淡淡一笑。上司又派别人写，傲骨知道了，写检举信，上司大怒，傲骨的饭碗终是被敲掉了，傲骨仍是淡淡一笑。傲气知道了这件事情，自然是举双手赞成大哥。但是他实在搞不懂，大哥的

“傲”，什么时候“傲”，什么时候又“不傲”。事实上，傲骨一直是那么傲，他和傲气不同的是，傲气傲在气势上，难免有些浮；傲骨傲在骨子里，更傲更沉稳、成熟。所以，傲气永远是小弟，而傲骨，永远是大哥。

因为对于傲骨来讲，傲气永远有着一些浮华，有着一种表面的东西，也永远与沉稳以及成熟挂不了钩，也正是因为这样，傲气就永远是傲骨的小弟。虽然故事听起来有点不太现实，但是在我们的现实生活中却的确如此。在我们的人生中经常可以看到，那些拥有傲气的人永远不会得到别人的赞扬，即使他才华横溢，即使他聪明无比，也会招来别人的厌恶，因为他的傲太过于盛气凌人，也太过于压倒别人的光辉，有时还不顾别人面子，所以，总会有那么一丝的不妥，自然也是跟拥有傲骨的人无法相比的。

淡定不在于是否拥有傲骨或者没有傲气，而是，于笃定中有坚忍，所以傲然挺立，淡然中有释怀，故无有虚浮之傲气。

掩卷私语

傲气是一种外露，是一种肤浅，更是一种盛气凌人，往往会招致别人的厌恶；但是傲骨却不一样，傲骨很多时候是一种内敛，是一种内涵的积蓄，更是一种坚持信念。淡定的人生是不需要傲气的驾驭的，更多的是需要傲骨来支撑，来引导我们的人生。

2. 不让怒火变成魔鬼

许多人都有过这样的经历，一旦遇到事情的时候，第一反应就是怒火中烧，只想把自己心中的怒火发泄出来，结果不但事情没有解决，自己反而更生气。淡定的人是不会让怒火变成魔鬼的，淡定的人生也不会被怒火左右。

生活中总会有一些事情让我们感觉到不顺心，也总有一些事情能够引出我们的怒火。俗话说，生气伤身，我们发怒其实只是在惩罚自己，虽然这是我们每个人都懂得的道理，但是有些人还是在遇到一些事情的时候，控制不住自己的情绪，让怒火变为伤人伤己的魔鬼。

在生活中，我们经常会遇到这样的一种情况，当一个人或者是一件事情引起我们的怒气的时候，只要我们一发怒，我们就会找很多的借口来给自己开脱，让自己继续发怒，即使知道自己的行为是错误的，也不去停止自己的行为。可能在我们每个人的潜意识里都有一个纵容自己的想法，在平时的时候由于种种条件的不允许，以及被自己的理智控制着，所以很难给自己找到纵容自己的理由。但是，一旦有一件事情或者是一个人惹得我们发了怒，我们就不再受自己的理智的控制，并且很容易做出一些不经自己的大脑考虑的事情，而且这些事情在很多时候都会给我们自己带来一些不必要的麻烦。

一天，陆军部长斯坦顿来到林肯的办公室，气呼呼地说，一位少将用侮辱的话指责他偏袒一些人。林肯建议斯坦顿写一封内容尖刻的信回敬那家伙。

“可以狠狠地骂他一顿。”林肯说。

斯坦顿立刻写了一封措辞激烈的信，然后拿给总统看。

“对了，对了。”林肯高声叫好，“要的就是这个！好好教训他一顿，真写绝了，斯坦顿。”

但是当斯坦顿把信叠好装进信封里时，林肯却叫住他，问道：“你要干什么？”

“寄出去呀。”斯坦顿有些摸不着头脑了。

“不要胡闹。”林肯大声说，“这封信不能发，快把它扔到炉子里去。凡是生气时写的信，我都是这么处理的。这封信写得好，写的时候你已经解了气，现在感觉好多了吧，那么就请你把它烧掉，再写第二封信吧。”

故事中的林肯在斯坦顿生气的时候建议他写一封信来发泄自己的怒气，但是当斯坦顿写好信要寄出去的时候却阻止了他。因为他知道写信是斯坦顿对自己怒气的释放，也是在自己情绪失去控制的时候发表的言论，有很多的不妥之处，一旦寄出去将造成很严重的后果，所以林肯阻止了他。

很多时候我们都会像斯坦顿一样被别人或者一些事情气得怒火中烧，我们无法控制住自己的情绪，也无法找到正确的途径去发泄自己的怒气，而让自己的情绪一直控制自己的行为，甚至让自己变成情绪的奴隶，让怒火变成魔鬼，不断地摧残自己。但是我们要知道，淡定的人是能够控制住自己的怒气的，是能够以正确的方式发泄自己的怒气的，绝对不会因为自己的怒气而去惩罚自己，并且让自己犯错的。可是，当我们生气的时候，我们应该怎样去制止自己的发怒，并且运用正确的方式去发泄自己的怒火，从而不会因为自己的怒火而让自己犯错误呢？

首先我们要学会制怒。当我们生气的时候，当我们被一些事情弄得怒火中烧的时候，我们可以试着用自己的理智去克制自己的怒气，控制自己的情绪。多想想自己发怒对别人有什么损失，或者自己发了怒对那件事情有什么帮助，如果对别人既没有损失，对事情又没有帮助的话，那我们就告诉自己不要去发怒，对于那些没有半点好处的事情，并且还会伤害自己的身体的事情千万不要去做。虽然这样说起来有点自私，但是也不失为一种自我调节的方法，也是一种适合我们的调节自己情绪的阿Q精神。在我们发怒的时候，也可以采取自我暗示法，或者及时转移自己的视线，让自己去专注于别的事情，暂时避过自己的气头，这样我们可能就不会被自己的怒气杀伤。

其次我们要学会泄怒。当我们生气的时候，我们要及时地排解自己的不良情绪，而不让那些不良的情绪一直主导自己的心理或者行为。我们都知道一个人如果怒气太甚，并且不能及时排除就会伤及肺脏，给我们的身体带来沉重的负担，也会对我们的心理产生不良的影响。所以当我们有了怒气的时候我们就要学会及时地排除，不管我们用怎样的方法，只要是适合自己的，我们都可以去用。当然会排泄自己怒气的人一般会用下面的一些方法：找自己的朋友聊聊天，听听音乐，或者干脆睡一觉，甚至是运动一番，让自己的怒气随着自己的汗水流出去等。

最后我们要让自己经常保持微笑，像小孩子那样。如果在我们的人生中我们能够经常保持像小孩一样的微笑的话，那么就说明我们的心比较宽大，不会去在意太多的事情，遇见事情我们也能够淡定地去处理，不会因为一时的怒气而让自己心生不快，甚至是让自己的怒气控制自己。

在我们的人生中，不管怎样我们都不要让怒气控制自己，从而让怒气变成魔鬼，在摧毁别人的同时摧毁自己。要知道，淡定的人是能够很好地控制自己的怒气的，更不会让自己的怒气变成魔鬼。

掩卷私语

在自己生气的时候学会控制自己的怒气，在自己已经怒火中烧的时候知道如何去排解自己的怒气，这样我们就不会因为自己的怒气而失控，而丧失理智，做出让自己后悔的事。那么我们的人生就是淡定的，我们就不会让自己的怒气变成魔鬼，更不会让自己的怒气控制自己的行为。

3. 做一个名副其实的“空气人”

没有人喜欢自己被人忽略，但是将自己看得太重，只会让我们陷入“自我主义”的旋涡。必要的时候做一个名副其实的“空气人”，多看看别人的所作所为，多听听别人的见解，可能我们就会有不一样的收获。

不管是在职场中还是生活中，我们都会发现有那么一些人，总是将自己看得很重，喜欢所有的人都围着自己转。他们不管在任何时候，都以自我为中心，甚至说话的时候都不在乎他人的感受，他们高兴的时候，就要求所有的人都高兴，伤心的时候，也要其他人陪着他们一起伤心。这种人只会招来他人的厌恶，而他们的一生中也不会有太多的朋友，生活也不见得会多快乐。必要的时候，做一个名副其实的“空气人”，走出欲望的牵绊，让人性的弱点不再成为自己追求幸福生活的挡路石。

做一个“空气人”，并不是让我们完全将自己忽略，一味地去迎合他人的意见；也不是说，让我们在遇到事情的时候，变成缩头乌龟。做一个“空气人”，是告诫我们不能太过自我主义，太过自我主义就会给他人一种唯我独尊的感觉。没有人喜欢被人奴役，人与人之间是平等的。而自我主义者总是会给人一种高高在上、骄傲自大的感觉。

有句话说“三个臭皮匠顶个诸葛亮”，只有勇于做一个“空气人”，才能够很好地融入集体之中，而人只有在集体之中才能更好地发展自己。

老张名字叫张廷发，如今他虽然已经是60多岁的退休老人了，但是他受欢迎的程度依然不减于年轻的时候。是他长得特别帅吗？不是。那是他待人好吗？有点关系，但不是主要的。他如此受欢迎，最主要的是他懂得让自己成为一个“空气人”。任何地方都缺不了他，但是任何人和他在一起，都觉得自己是主角。没有人不喜欢做主角，不管是风华正茂的年轻人还是白发苍苍的老年人，他们都希望自己受到他人的关注，成为主角。但是老张却没有这种想法，所以他是最受欢迎的人。

比如，在他还在职场上打拼的时候、他所在的公司内部的竞争非常激烈，同事之间为了各自的利益不择手段，每个人都想将别人踩在脚下。老张却不疾不徐，他依着自己一贯的做事风格，有条不紊地做着自己的事。因为他不争不嚷，很容易被他人忽略，所以在公司中，他从来都没受到过他人的排挤，而老总因为他的老实本分，也格外重视他。所以，在职场上他是成功的。

退休之后，他就和邻近的几位退休老人成了好朋友。别看这些人都老了，但是争强好胜的心却不老。不管干什么事，老张始终都不会将自己放在主要位置，所以他很受这群老人的喜欢，凡是儿女带点什么好东西来，总是会给老张捎上那么一点，让他尝尝鲜。

以上事例中的老张不刻意看重自己，反而受到他人的重视。做一个“空气人”，不刻意让自己成为主角，反而会不知不觉中成为主角。

说实话，没有人愿意自己的人生充满失败，也没有人愿意成为别人嘲笑的对象，每个人都渴望成功，人们来到这个世上，都希望自己的一生能够快乐幸福。正因为人们有这种天生的功利之心，所以每个人都希望自己能够得到众人的关注，成为受人注目的那一位。但是，我们也知道，很多时候，事情并不会因为我们个人的主观思想而改变，那些老想着引人注目的人，反而最容易成为众人忽略的对象。所以，我们不妨做做“空气人”。

做“空气人”的好处其实很多，对我们的生活影响也很大，主要有以下几个方面：

（1）是一种“以退为进”的处事方式

我们的一生中，所遇到的事情这样的那样的都有。有的事情需要我们勇往直前，但是有些事情却不是鲁莽就可以解决的，最好的办法就是“以进为退”。以一种迂回的方式，首先将自己放在次要的位置，这样反而能够更清楚地看清事情，只要知道了事情的始末，解决起来就会容易很多。

（2）能够减轻别人的敌意

不管是在生活中还是在职场中，只要是有人地方就会有竞争。我们也知道“木秀于林，风必摧之”，所以不想做挨枪子的出头鸟，那么就应该把自己藏起来。做一个名副其实的“空气人”是上上之选。不显山露水，别人自然对我们也不会有什么敌对情绪。

（3）是一种坦然对待人生的态度

我们随着阅历的增长以及时间的消逝，慢慢地就会对一些事情看淡一点。这时候，就更会发现做一个“空气人”其实是一种洗尽铅华之后的坦然。只要我们拥有了这份坦然，就会逐渐走出欲望的牵绊，能够正视人性的缺点，站在局外看自己的人生，未尝不是一件值得开心的事情。

淡定的人生不寂寞，只有安心做一个名副其实的“空气人”，才能够让自己的生活轻松点，人生快乐点。

掩卷私语

我们很多时候都在追求成功，希望自己有所成就，但是我们太过注重自己，却反而让自己陷入自我主义的旋涡。所以，必要的时候，做一个名副其实的“空气人”，可以帮助我们走出欲望的牵绊。

4. 坦然面对无烦恼

在我们的人生中很多时候我们都缺少一份坦然，所以我们会觉得很累，也很烦恼，也经常感叹什么时候生活可以无忧无虑。其实，人生没有我们想象中的那么多烦恼，只要我们多一份坦然，那么我们就可以得到让我们意想不到的结果。

在生活中我们常常会禁不住这样感叹：“活着真累！”“这样的日子什么时候才是尽头啊！”“我们这样辛苦到底是为了什么呢?”“今天还有那么多的任务没有完成，晚上又不能睡觉了！”“老总怎么总是跟我作对，我没有惹到他啊！”在那些不顺心的日子里，我们总感觉到活得很烦，活得一点乐趣也没有，我们会抱怨生活给予我们的磨难，会抱怨命运的不公，也会责怨上天的偏袒，觉得有些人的一生总是那么通畅，也总是充满着幸福。我们就这样理所当然地认为着，可是当有一天我们细心去发现的时候，我们才会明白，其实生活赐予我们每个人的都一样，并不是给了我们磨难就一定会给别人幸福，命运赐给我们的都是一样的东西，只是有时候我们没有别人看得开，也不能像别人那样做到坦然面对，所以我们才看到了生活中的那么多的悲哀，我们也才会感觉到自己拥有那么多的痛苦。

有人说，生活就像是一面镜子，当我们对着它笑的时候它就对着我们笑，当我们对着它哭的时候它也对着我们哭。生活中的种种不顺心以及令我们痛苦的事情，很多时候是因为我们自己心态的原因，是因为我们对于一些事情无法释怀，是因为我们对于一些事情还没有看开，所以我们才会深陷在生活的痛苦中无法自拔，也会沉浸在悲伤中让自己痛苦不堪。其实开心快乐很简单，只要在我们的胸襟中多一份坦然，在我们的意念里多一点看开，那么我们的人生也会到处是鸟语花香，也到处会是欢声笑语，并且我们还有可能在那份坦然中得到意想不到的结果。

爱迪生发明电灯做了1500多次试验都没有找到适合做电灯灯丝的材料，有人嘲笑他说："爱迪生先生，你已经失败了1500多次了。"爱迪生回答说："不，我没有失败，我的成绩就是发现1500多种材料不适合做电灯的灯丝。"

故事中的爱迪生，面对1500多次的失败他都没有恼怒，也没有对自己的结果失望，而是很淡定地回答：自己的成绩是发现1500多种材料都不适合做电灯的灯丝。他最后还是发现了适合电灯的灯丝。可能在我们看到这个故事的时候会想，毕竟是伟人，在面对这样的失败的时候仍然能够保持一种平和的心态，仍旧能够继续坚持去做自己的试验，的确是令人敬佩。可是我们是平凡人，所以我们不可能做到像他一样淡定，也很难做到和他一样的坦然。人能不能坦然地面对自己的失败，面对自己人生路上的挫折是与一些外在条件无关的，是来自一个人的内心，是一个人对人生的态度。

所以，在我们的人生中，如果我们正在经历着一些失败，并且遭遇着一些挫折，或者我们的心正因为一些事情而接受着煎熬，那么我们不要烦恼，也不要失望，更不要放弃，我们要坦然去面对，去面对那些挫折，那些失败，那些煎熬。有时候，我们的坦然不仅可以让我们的内心舒适一些，更会给我们带来意想不到的效果。

不管是生死还是困难挫折，不管是命运的捉弄还是生活的无情，只要我们能够坦然去面对自己人生中发生的一切，那么我们就能够从容地应对人生中的各种变故，也能在那些令人苦恼的生活中寻到自己生命的意义，也能找到自己的人生乐趣，我们人生中的种种困难和挫折就不再是令我们忧心忡忡的原因，而是我们幸福的源泉。

掩卷私语

在我们的人生中不管我们遭遇什么，不管我们遇到什么样的困难与挫折，只要我们能够看得开，能够坦然面对，反而会有令人惊喜的结果。要知道，淡定的人生是需要坦然的，只有坦然地面对人生中的种种，我们才有可能活得更精彩。

5. 做引人注目的配角

人生就像一场戏，只要是戏，就会有主角和配角。人不可能一辈子都做主角，必要的时候我们也可以做一个配角，做一个引人注目的配角。只要我们演好属于自己的那个角色，排好属于自己的那部分戏，那么即使作为配角，我们的人生也会一样精彩。

众所周知，整个世界并不是主宰在某一个伟人的手中的，我们所处的社会也不是由个别的精英分子，或者一些散布在各界的主角所推动的。相反地，我们的世界，我们的社会却是由像我们一样的，在任何的场合都可能算不上主角的人来影响、推动的。就好像，如果一个公司只有主管，而没有员工的话，那么就算这些主管们有再好的计划，再好的方案，缺少了执行的那些配角，再好的点子也只是毫无价值的一纸空文。一个社会中，如果只有高高在上的管理阶层，而没有辛勤劳作的人民大众，那么这个社会也就不算是一个社会。所以，我们不要一味地要求自己成为主角，做一个引人注目的配角，其实也是一件十分幸福的事情。

他在很小的时候就开始接触演艺圈，年仅4岁就已经在影片里登台亮相。然而，虽然他在演艺圈摸爬滚打了多年，眼看着比他迟出道的那些个朋友都一个个功成名就了，他却依然还是一个默默无闻的角色，只是偶尔当当配角，在一部影片里出镜三五分钟，那还得看导演的脸色。

同行的朋友都把他的失败归咎于他“不会做人”。其实他并不是没有获得过表现的机会，只是他每次得到上镜的机会时，总是要跟导演争论，要不就是擅自改戏。大气点的导演还会给他解释的机会，心胸狭隘点的则往往二话不说就撤了他。于是，到二十三四岁之后，他便开始遭遇戏荒，接连几年没有登台演出的机会。

然而，他“不会做人”的秉性却依然故我。28岁那年，他好不容易在一部12集的科幻电视剧中获得了一个角色，可他的老毛病又犯了——他认为自己扮演的这个角色不仅戏少了，而且还有不少不妥之处，于是又和导演理论了半天。

所幸的是，这一回导演并没有撤换他，并破天荒地认可了他的意见：不仅给他加了戏，还让他在这部电视剧中饰演多个角色。后来，这部电视剧获得了很大的成功，他也凭着在该片中的出色表演逐渐引起了导演们的注意。

1987 年，他凭借着超人第四集《寻找和平》进军好莱坞。20 世纪 90 年代以后，他的演艺事业开始步入高峰，他成了英国最受欢迎的演员，而他在《小声音》、《复仇者》等影片中的表演也进一步巩固了他在英国甚至世界影坛的地位。2002 年 3 月，《艾瑞丝》一片又为他捧回了奥斯卡小金人——最佳男配角奖。

他就是英国著名演员吉姆·布劳德本特，因为他在演艺界的杰出贡献，因为“很少有配角能像他那样始终如一地甘当绿叶”，他被誉为配角大师。

就像故事中的吉姆·布劳德本特，即使做不了主角，也要做最优秀的配角。曾经，有一位比吉姆·布劳德本特迟出道的后辈，问他为什么在一个小小的配角上也能取得如此巨大的成就？吉姆把自己的成功经验归结为一句话：把配角当主角去演绎。吉姆认真地对待每一个角色，演绎就是他的生活，因为能够认真去生活，所以他成功了，也成为了最引人注目的配角。

其实我们没必要因为自己工作的卑微以及渺小而感到悲哀，也不要因为自己做不了人生的主角而伤心流泪。我们要知道即使是平凡如小草，如果春天缺少了它的装扮，就会显得不像是春天。而那些在夜空中闪烁的小星星，虽然很微小，但是只有它们才可以将夜空装扮得漂亮耀眼。所以即使我们并非处于这个社会的重要阶层，或者在自己的领域里不是主角，只是一个微不足道的小配角，我们也要尽自己最大的努力做好那个配角，成为最引人注目的配角。

但是我们如何做，才能成为最引人注目的配角呢？那就在于自己的心态，淡定的心态要求我们在内心深处不要将自己当作配角来看待，而是以主角的心态去演绎配角的戏份。只要我们愿意，每一个人都应该是自己人生中的主角，只有以主角的心态，才能将自己的人生演绎得更加精彩。

所以，不论是在我们的生活中还是工作中，千万不要因为自己所扮演的角色卑微或者渺小而去抱怨，或者唉声叹气，从而对生活和人生失去信心。我们要知道，即使我们扮演的是一个毫不起眼的配角，但是只要我们将其当作主角用心来演绎，那么这个配角就会成为最引人注目的配角。只要每个角色都充分发挥了自己的效用，那么对于人生这场戏来说，它就是最精彩的。

淡定的人生不寂寞，即使是配角，我们也应该以当主角的心态来演绎，因为每个人都有权利作自己人生中的主角。用我们的热情，我们的智慧，以及我们的生命去演绎属于我们自己的那个角色，我们就会是最引人注目的，也是最耀眼的那个角色。

掩卷私语

在我们的人生中，不可能每个人是主角，但是我们有权利选择做最引人注目的配角。只要我们能够走出欲望的牵绊，能够自信地面对自己的人生，那么我们就可以正视人性的弱点，以淡定的心态去面对自己的人生，那么我们的人生就不会寂寞。

第十二章 回到生命的初始
——无为就是最大的有为

人生到了最后，不管经历过怎样的磨难，经历过怎样的艰难，都会回到生命的初始。当我们懂得了人生的无为，当我们淡化了那些形式的东西，当我们懂得了放弃的另一层含义，当我们在任何的时候都知道给自己一线希望的时候，我们对生活的解读就更深了一层，我们对淡定的人生就有了更深一层的认识，我们的人生也就会远离寂寞，我们的灵魂也就会远离悲哀。

1. 修炼出水的品质

水的品质到底是怎么样的呢？我们知道水可以涤净万物，甘于处下，所以才能够汇成江河。而如果我们能够做到处下无争，那么就没有人可以与我们争，成功也就会常驻在我们身边。

我们时常会发现有这样一些人，他们的生活悠闲而充满乐趣，他们不会为了名誉、权力去和他人拼得头破血流，也不会因为一些鸡毛蒜皮的日常小事而烦恼。他们喜欢养花弄草，不会去一些大场合，倒是时常看到他们在自家的门口前转悠。但是，他们的人缘却很好，有许多人会来找他们帮忙，虽然他们早已退休，但是宾客仍然很多。这是为什么呢？

还有一种人，他们有时候很勇敢，有时候却又很胆小，他们不怕拿刀行凶的匪徒，却害怕拿扫把赶人的普通人。别人发生争吵的时候，他们总是在当和事佬；别人遇到困难的时候，他们二话不说就帮忙。他们虽然没有什么轰轰烈烈的大作为，但是周围的人都尊敬他们。这又是为什么呢？

退休的老人，没什么大作为却又受人尊重，他们并不是什么了不起的大人物，但是却又显示出不平凡。这是因为他们都拥有水一般的品质，与世无争，结果就没有人可以与其争。所以，他们不论身处何地，他们的品质才是真正让他人佩服的缘由。

老张是出了名的好人。他年轻的时候，在一家私企上班，在这个公司，许多员工为了自己的利益都不惜陷害他人，但是老张从来没有被陷害过。因为没有人忍心去伤害他，他从来不和别人争，甚至处处都在为他人着想，只要是别人一遇上什么困难，找他就绝对没问题。他的人缘一直都很好，公司管理阶层的人都喜欢他，同事也都很敬佩他，没有人将他当敌人看。

有一次，他们公司的人出去聚餐，当大家喝得正起劲的时候，不知是谁提议“说出对同事的看法”，规定每个人都要说。当老张说到自己对同事的看法的时候，结果众人都发现，老张说出的都是每位同事的优点，而他们每个人对老张的印象都是：老张人很好，与世无争，纯澈清透，就好像是水。

老张凭着自己的性格，在私企度过了大半生时间，期间他的薪水也是一涨再涨，但是从未有人会去找他的茬。退休之后，他自己又成为了他们社区里最受人尊重的人。他一辈子都与世无争，但是他的生活却比任何人都快乐。

其实，我们身边也不乏老张这样的人，不管是老人还是年轻人，他们天生一副讨喜的样子。不管任何时候，他们都是乐呵呵的，就好像从来都没有什么烦心事。人们也喜欢和他们接触。拥有水一般的品质，并不是提倡人们摒弃自己的理想和愿望，相反地，拥有水一般品质的人，他们都拥有属于自己的理想，甚至他们的理想比一般人的理想还要大，并且他们的理想都能够得以实现。

水的品质是温润的。一个温润的人，他从来不会因为一些小事而斤斤计较，也不会因为骤发的事件跳脚骂人。他们有自己的一套做事原则，他们知道急躁不会给事情带来任何转机，所以他们情愿十分镇定地将事情处理妥当。

水的品质是纯澈无垢的。站在一个拥有水的品质的人面前，就好像是面对着一面镜子，我们身上的所有缺点都会显示出来。和拥有水一般品质的人做朋友，可以修养自己的品质，改进自己身上的缺点，让自己变得完美。

水的品质是柔弱多变的。天底下没有比水更柔软的东西了，而众所周知水是无形状的。我们将它装在圆桶中，它的形状就是圆柱形的，装在方盒子里，却又变成方形的。它的适应性极强，任何时候都能够很快地和周围的环境融合在一起。

水的品质是坚韧的。“滴水穿石”，一滴水就可以将坚硬的石头穿透。如果我们面对自己的理想和人生，拥有这种“滴水穿石”的精神，那么还有什么理想实现不了，什么愿望达不到呢？不管是在日常生活中，还是职场中，只要我们肯坚持，那么想要成功，想要有所作为并不是一件很难的事情。

生活需要我们拥有水的品质，人生也需要我们拥有水的品质。一个拥有水的品质的人，困难艰险在他的面前就会显得微不足道。

齐兰之所以能够在短短两年的时间内当上这家企业的副总，她凭的是一股韧劲。刚进入该公司的时候，她不得罪任何人，总是以一副老实人的面目出现在众人的面前，她不会故意去搬弄是非，也不会因为自己的利益而去算计他人。她喜欢帮助人，做事总是有自己的一套原则。因为她的平和，许多同事都愿意和她说话聊天，但是齐兰从来不会将自己和他人的谈话内容说给另外一个人听。

慢慢地，齐兰因为人缘好，工作能力强，受到了老总的器重。老总更是喜欢齐兰那种不与人争的品质，于是一再提拔她。面对老总的刻意提拔，齐兰也不骄不躁，她对以前的同事，现在的下属还是那般温和，公司的人都称她为“平民管理者”。尽管齐兰的职位在不断上升，可是她做事依然尽职尽责，所以，最后她成为该公司最年轻，提升最快的高层管理者——公司副总。

以上事例中的齐兰，看似平凡，但是她的经历却不平凡。她不和众人争，但是却在很短的时间内做到了高层管理者。这未尝不是水所拥有的一种品质，不与人争，因为无人能与其争。我们总是喜欢为一些小事斤斤计较，也会因为蝇头微利而恶言相向。但是，我们和别人争夺了一辈子，到头来却并没有得到什么收获。淡定让我们的人生不寂寞，只有修炼出水的品质，做到与世无争，才能够真正成就自己。

掩卷私语

水的品质就是滋润万物而不与其争，正是这种与人无争的品质，才是真正值得我们学习的品质。没有争名夺利的心，却可以名利双收，生命的初始本是如此，正因为无所为却成就了最大的有为。

2. 小理想大作为

理想可以小，但是作为却不能小。当人们经历了太多，明白了太多之后，却发现理想反而变得不怎么重要了。理想其实是人们内心的一种对于生活、对于自己的希冀。淡定的人生，不需要我们有太大的理想，但是作为一定不能小。

理想是人们对于自己生活的一种希冀，每个人都希望自己的生活能够幸福美满，也希望自己能够受到成功的青睐，在人生的舞台上接受他人的称赞。但是我们的理想一定不能脱离现实，一个根本不可能实现的理想只会让我们疲于奔命，甚至陷入自卑之中。淡定的人生，要求我们并不一定要有伟大的理想，但是我们的作为却不能太小，碌碌无为的人，只会让自己的人生虚度。

大作为并不是指做出什么惊天动地的英雄事迹，就算是在十分平凡的岗位上，依然可以有所作为。就好像那个曾经替妈妈扫大街的小女孩，那些为了救别人而牺牲自己生命的人，他们都是普普通通的人，或许在他们的思想中，从来没有什么太大的理想，但是他们的作为却让他们显得崇高，令人尊敬。

小理想大作为是一种做人的哲学，在这套哲学中，人们更注重行动。也就是人们所说的实干主义者，他们有自己的一套做事风格，有自己的坚持，他们不会去刻意地吹嘘自己要做什么，或者做什么了不起的大事，但是他们却用自己的行动证明，他们所做的事情不是常人所能做到的。

拥有小理想大作为的人，面对生活中的种种困难，他们不会畏缩不前；即使失败了，他们也不会一蹶不振，他们知道“坚持就是胜利”的道理，更知道“失败就是成功之母”的涵义。所以，生活中的种种困难，对他们来说只是一种考验，一种让他们不断完善自我的磨刀石。

我们每个人都有自己的理想，很多时候人们更喜欢先立志后行动。拥有一个远大的理想固然是好事，但是我们知道，很多时候，由于自己的虚荣心作祟，或者一些外来因素的影响，我们所树立的理想并不一定适合自己。当我们循着这个理想为之奋斗的时候，却发现往往有点力不从心。这样的“大理想”只会让我们在不断地打击下丧失信心。所以，为自己树立理想的时候，一定要慎重，在充分了解自己的基础上去行动，才能有所成就。

大作为，并不一定需要一个远大的理想做基础，即使我们的理想看似很微小，但是只要我们能够认真去对待周围的一切，用心做好自己的事情，那么就可以算是一种大作为。

小理想大作为，是一种做人的心境。这种人他们不会让自己陷入欲望的旋涡，也不会让名利将自己牵绊。他们不会为了自己的利益去做损人的事情，也不会用尽手段去追求一些虚名。他们喜欢平凡的生活，喜欢平凡生活中的淡定。因为他们深知，只有淡定才会让人生不寂寞。

淡定的人生不寂寞，小理想大作为。只要走出红尘的纷纷扰扰，当我们回到生命的初始的时候，就会发现，我们忙忙碌碌一辈子，真正追求的其实就是一份淡定，一份不寂寞。

掩卷私语

小理想大作为，是面对人生的一种淡定。当我们不再被生活中的各种假相所迷惑的时候，我们就会发现，人们终其一生，真正所追求的其实就是一份淡定，淡定的人生不寂寞。只有在淡定中，我们才能够找到生命的初始，让自己的人生无憾。

3. 在人生中学会“听话”

离开并不表示放弃。离开，只是一种以退为进的做事方式，它与放弃完全是两个概念。所以在生活中，我们必须学会“听话”，千万不能走进语言理解失当的误区，失去一些不该失去的人和事物。

我们时常会听说“哪个哪个人离开了，但是一段时间过后又回来了”，只要是离开，就是还有回来的希望。但是“放弃”，却会让一切变得没有转圜的余地。我们当然也会听到“有人放弃了自己的事业、家庭和朋友”，那就是告诉我们，这个人已经决定不再要他的事业、家人和朋友了。放弃代表着绝望。

希望和绝望是两个完全相反的词，所以我们做人的时候，就需要一份通透，善于察言观色，懂得审时度势，只有这样才不至于走太多的弯路，让自己陷入失败的泥潭中。学会“听话”，就是能够听出别人的话外之音。语言是一门艺术，如何说话更是一门技巧，一个人的语言不仅能够将他的所思所想表达出来，而且还可以映射出他真实的内心。

要想学会“听话”，就必须做到心细。而注重生活中的一些细节，就是学“听话”的关键。只要我们留心一点就可以发现，越是一些细小的事情，越能反映一个人的真实性格。只要我们了解了这个人的真实性格，那么想要猜到他的言外之意、话外之音也就不是一件难事了。

陈燕和陈峰是一对恋人，他们深爱着对方，但是由于性格使然，两人时不时就会发生争执。情侣之间吵吵闹闹本来是很常见的事情，只要一个人先服个软，道个歉就没事了，但是两个人都是天生一副倔脾气，谁都不肯主动低头。他们一直吵吵闹闹过了3年，双方的家长见他们已经到了适婚的年龄，于是赶紧催促他们将事办了，也好了却老人们的一桩心事。

但是在结婚前3个月，两人又吵上了，这次吵得比哪一次都厉害，甚至到了分手的地步。陈燕哭着对陈峰吼道："我们在一起3年了，都快结婚了，你却还不把我当回事，你到底把我放在什么位置?"陈峰觉得陈燕简直就是在无理取闹，于是告诉陈燕，自己觉得很累了，不想再继续下去了。于是陈燕直接将自己的行李装好，闹着要回自己家去。陈峰却让她带着银行卡，让她人先回去，行李过两天再来拿。但是陈燕却不答应，将银行卡扔给他，一把拽了行李就走。

陈峰看到行李有点重，于是就帮她拿到车站，陈燕忽然有些后悔自己太冲动了，要回家的决心也就没有那么坚定了，一路上她都在问陈峰到底在不在乎自己。陈峰最了解陈燕的性格了，知道陈燕已经开始后悔了，于是在路上故意磨磨蹭蹭，还和陈燕说一些他们过去的事。还没到车站，陈燕就随着陈峰重新回家了。

生活中由于语言理解失当而产生误解的事情很多，或多或少都会给当事人带来一定的损失或者伤害。

做个懂得"听话"的人，那么，我们的一生就会少了许多遗憾。淡定的人生，追求无为中的有所作为，才算是真正的有所作为。

掩卷私语

人的一生本来就错综复杂，人生之路上也是烟雾弥漫。如果我们不想迷失在人生之路上，就要先学会"听话"，做一个善于察言观色的人，或许到时候成功对我们就不会太过苛刻。

4. 任何时候都给自己一线希望

天无绝人之路，任何时候都给自己一线希望，哪怕是到了穷途末路，也不要轻言放弃。只要我们心怀希望，坚持下来，就可能会有奇迹发生。

每个人都渴望自己的生活过得快乐而幸福，也希望自己能够在职场上大展身手，赢得名誉和财富，成为名副其实的成功者。但是每个成功者的背后包含了多少的辛酸和失败，却是我们很少能够得知的。我们来到这个世界上，并不是为了追求失败的，我们也不允许失败的血液流淌在自己的血管中。没有人喜欢做温顺而任人鞭打的羔羊，估计每个人的理想都是要做驰骋在草原上，称王称霸的狮子。所以，失意的时候不要哭泣，失败了也不要抱怨，在任何时候都给自己一线希望，只要坚持下来，就有成功的可能。

成功究竟在哪里，没有人知道，也没有人知道应该走多长的路才能到达目的地，或许当我们感觉成功就在眼前的时候，仍然可能会遭遇到失败的打击。但是我们可以肯定，成功就在前方，或许就在前面的那个拐角处，只要我们拐了弯，就可以看到它了。再前进一步，如果还没有到达成功的彼岸，那就再向前走一步；事实上，向前走一步并不是一件很困难的事情。

鼓励自己不断坚持下去，因为每一次的失败都是下一次成功的筹码；这一次的拒绝往往就是下一次的赞同；这一次皱起的眉头，在下一次就会变成舒展的笑容。今天的不幸，就预示这我们明天的好运。我们要学会给自己希望，要学会不停地尝试，尝试，再尝试。只要坚持下去了，成功就不会抛弃我们。

荒凉的沙漠中走来一群旅人，他们又热又渴，但是他们身上带的所有的水都已经喝完了，如果再找不到水源，他们统统都会葬身在这片无情的沙漠中。炙热的太阳，让旅人们寸步难行，有几个人已经躺在沙地上不愿挪动半步了。但是有一部分人，还是继续向前走着，因为他们中有一个人确信在前方一定会有一片绿洲，只要他们坚持找到那片绿洲，所有的人就会得救了。

不断地有人倒下去，到最后只剩下他一个了。别人都说他是个傻子，这么大的沙漠里，就算有绿洲，也没有人能够找到它。但是这个人不赞成众人的说法，他告诉众人，只要心怀希望，坚持下去就一定能找到那片绿洲的。于是，他继续在沙漠中行走着。烈日再加上饥渴，让他觉得头晕，但是他始终不愿放弃。他没有力气走了，于是他改用爬，最后他连爬的力气也没有了，恍恍惚惚之中他看到了一片绿洲，那里有许多人。终于看到了自己梦想中的绿洲，他支撑不住晕倒了。

醒来的时候，他已经在一个帐篷里，身边围着许多人，这些人也是旅人。其中一个人问他怎么会晕倒在这里。于是他将自己和众人在沙漠中的经历说了一遍，他请求这些人救救他的伙伴，但是遗憾的是，他的伙伴全被渴死在沙漠里了。而这个人之所以能活着，是因为他始终没有放弃希望。

由以上的故事可以看出，希望对于一个人是多么的重要，因为有希望，才会坚持下去，因为坚持了下去，所以才没有将生命还给上天。任何人的一生不可能是一帆风顺的，我们难免会遭遇失败，遭受各种打击。但是我们如果一失败就产生绝望的心理，放弃一切，那么我们还追求什么成功，谈什么人生？

我们不仅要善于借鉴别人成功的秘诀，学会忘记过去，而且还要学会为自己播种希望，学会坚持。过去的是非成败，已经是过去，没必要再去计较。失败了，重新来过，摔倒了，爬起来再走，只要心存希望，就有成功的可能。

希望就好像是一粒种子，它生长在人们的内心深处，生长在人们的理念中，只有心存希望，才不会一蹶不振；只有心存希望，才能够体会到“山重水复疑无路，柳暗花明又一村”的豁然开朗。

希望是一种信念，不管我们遭受了多大的打击，只要我们心存希望，永不放弃，就会有机会走出困境。许多成大事者的梦想就是在希望中不断成长、茁壮起来的，他们的成功也是在不断地坚持和努力中得到的。就好像著名的发明家爱迪生，飞机的制造者莱特兄弟，万有引力的发明者牛顿，他们都是因为心怀希望，并不断坚持才得以成功的。

张强从来都不知道什么是认输，什么是放弃。尽管他已经3次高考落榜，但是他始终不放弃，考上名牌大学，为父母争气的念头从来没有在他的脑海中消失过。

张强依然在复读，并不是他的学习成绩不好，只是每次的考试总是差强人意。第一年他的成绩刚够三本线，但是他还是给自己一线希望，放弃了上三本。第二年的成绩已经上了重点线，只要他填报志愿的时候谨慎一些，他完全可以上重点大学，但是他还是在所有的志愿栏上写了同一所学校的名称。所以，他落榜了。第三年，他还是那般固执，仅仅10分之差，他和理想中的大学再次失之交臂，但是他的心里还存在着一线希望，他坚信上名牌大学并不仅仅是他的一个虚无的梦想。

这已经是第4个年头了，他还是毫不犹豫地在每个志愿栏填上了那所大学的名称。终于，在他的坚持和努力下，那封梦寐以求的录取通知书到了张强的手中。这次张强却哭了。他的坚持终于有了回报，他的希望也没有落空，他的人生因为自己给予的希望而终于发生了奇迹。

或许我们会觉得故事中的张强真的很傻，他没必要用4年的时间去考一所名牌大学。但是，这就是希望的力量所在，希望就好像是一个信念，有的人为了这个信念不惜牺牲一切，而这些人往往都是成功者。

掩卷私语

任何时候都给自己一线希望，不要轻言放弃。人生之路本来就充满坎坷，只有坚持自己的信念，不轻言放弃的人，才能顺利通过，到达胜利的彼岸。

5. 淡定是人生成功的终极密码

解读人生成功的密码，不管是经历过大风大浪，还是微风细雨，到最后一切终要归于寂静，这个密码就是淡定。淡定让我们的人生不寂寞，漫漫人生之路上，只有淡定始终伴随在我们身边，对我们不离不弃。

淡定是一种面对人生的姿态。波澜不惊，坦然自若。不管是行走在刀山火海之中，还是身陷泥潭枯井，总是以一副淡定的姿势睥睨着一切，就好像是永不服输的王者，即使沦为阶下囚，那份天生高贵的气质也是无法抹去的。

具有这种人生姿态的人，他们从来不会随便地贬低自己，成为自卑的奴隶，也不会骄傲自大得忘乎所以。他们永远都了解自己，也深知自己的能力。他们不会轻言放弃，但是遇到困难险阻的时候也不会一味地横冲直撞。他们懂得什么时候应该低头，什么情况下应该昂头。

淡定是一股敢于迎接一切挑战的勇气。有勇有谋，知晓时势。人生本来就变化莫测，但是拦路虎并非个个都是货真价实的“夺命虎”，陷阱也非个个都致命。所以，在人生道路上行走，我们需要一定的勇气，只有敢于面对挑战，才能展现出真正的自我。

拥有这股勇气的人，他们有时候看上去很胆小，但是真的遇到困难的时候，他们却是第一个冲上去的。他们深知什么样的人生才算是有价值的人生，他们也知道，自己怎么做才能让自己的人生真正变得有价值。所以，他们永远不会让自己被冠上“莽夫”这样的头衔。

淡定是一种成功者们应该追求的涵养。云淡风轻，远离寂寞。人们渴望成功，一辈子都在追求成功。可是当真正跻身成功者之列的时候，却发现高处不胜寒。用尽了手段，耗尽了青春，结果却将自己孤立起来，成为寂寞的陪伴者。唯有淡定，才可以让我们摆脱寂寞的纠缠，让我们淡了追名逐利的念头，回到生命的初始状态。

拥有这种涵养的人，一切就好像是过眼烟云。他们已经知晓了“舍得”的真意，他们学会放下执著，学会张开自己的手，打开自己的心窗去面对生活，感受生活。有句话说“握紧双手，你什么也得不到；张开双手，你就拥有整个世界”。这确实是一句很有见解的话。也只有淡定，才能让一个人张开自己的双手。

淡定的人生不寂寞，财富并不是成功人生的代表，成功的人生主要在于人们的感受。因为不同的人，对于成功人生的追求标准不同，但是可以肯定的是，成功的人生一定不会和寂寞同行。以下的事例就可以告诉我们这一道理：

一个美国哈佛管理系毕业的高才生来到了美国郊区乡下的一个小海湾度假。黄昏的时候，正在看落日的高才生遇到了一位钓鱼的老人。他立刻认出这个人就是曾经在商业界咤叱一时的一位巨富鲍勃。鲍勃的一生可谓是十分迷离，他在自己风头正盛的时候忽然之间就消失了。没有人知道他去了哪里，也没有人再见过他，甚至有人猜测鲍勃一定是惨遭不幸了，因为他的巨额财富，绝对会让任何人眼红。谁知，这位神密失踪的巨富，竟然会出现在这样一个名不见经传的小海湾。

高才生能够遇到鲍勃，他内心的激动可想而知，于是他主动上前和这位老人攀谈。他很好奇老人怎么会在气势正盛的时候隐退，谁知老人告诉他，高处不胜寒，拥有越多的财富，老人就觉得自己越孤单。鲍勃害怕自己终有一日会被这种孤单吞噬掉，于是就拜访了当时的一位智者。他向智者倾诉了自己的烦恼，智者只给他两个字——淡定，让他自己去参悟，只要参悟透了，他的痛苦也就解除了。

于是，鲍勃将这两个字写在纸上，拿最金贵的材料装裱了挂在墙上。但是他始终无法参透其中的奥妙，直到有一天，他无意中听到自己的老仆人说，十分怀念以前的生活，虽然没有那么多的财富，但是至少每个人是充实而快乐的。鲍勃忽然灵机一动，他只身一人去了自己之前的老宅子，那里虽然已经破旧不堪，但是他发现，在那里，他的心却一下子充实了。他忆起了往昔的欢乐，他终于明白智者的意思了。于是他回去，将自己大笔的财产捐给了慈善机构，解散了所有的仆人，自己带着家人来到了这个小海湾。虽然没有巨额的财富，但是他们一家却过得很快乐，很充实。

高才生却不理解鲍勃的所做作为，他只是大叹可惜。而鲍勃只是看了看他，微笑着摇摇头，就拎着鱼竿走了。

每个人对于幸福的追求不同，有的人希望自己一辈子都过着纸醉金迷的富贵生活，有的人却情愿放弃所有的金钱去追求平凡而充实的人生。谁对谁错，我们尚且不能确定，但是高处不胜寒的道理，相信每个人都知道。站得越高越寂寞，这是亘古不变的道理。

淡定的人生，是不会让寂寞与我们同行的。纵观整个人生，没有人喜欢和寂寞作伴。我们时常会发现很多人都喜欢凑热闹，这并不是说他们不喜欢清静，而是他们更害怕寂寞，所以他们情愿处在热闹的人群中，也不愿意一个人待在黑暗中。快乐幸福的人生是不存在寂寞的，所以，我们想要远离寂寞的纠缠，就需要拥有一颗淡定的心，拥有一种淡定的人生态度。只有在淡定中学会舍弃，才会让自己的生活充满快乐，人生不再寂寞。

掩卷私语

什么样的人生才算是成功的人生？不寂寞的人生就是成功的人生。我们一生都在追求成功，但是却不知如何为成功的人生定义，淡定的人生不寂寞，所以说淡定的人生就是成功的人生。解读人生成功的密码，淡定是唯一的选择！